辽宁浅层工程地质特性及岩土工程实践

张丙吉　苏艳军　戴武奎　编著

东北大学出版社

·沈 阳·

图书在版编目（CIP）数据

辽宁浅层工程地质特性及岩土工程实践 / 张丙吉，苏艳军，戴武奎编著. —沈阳：东北大学出版社，2023.7

ISBN 978-7-5517-3332-8

Ⅰ. ①辽… Ⅱ. ①张… ②苏… ③戴… Ⅲ. ①岩土工程—工程地质—研究—辽宁 Ⅳ. ①TU4

中国国家版本馆CIP数据核字（2023）第144194号

出 版 者：东北大学出版社
　　　　　地址：沈阳市和平区文化路三号巷 11 号
　　　　　邮编：110819
　　　　　电话：024-83687331（市场部） 83680267（社务部）
　　　　　传真：024-83680180（市场部） 83687332（社务部）
　　　　　网址：http://www.neupress.com
　　　　　E-mail:neuph@neupress.com
印 刷 者：沈阳市第二市政建设工程公司印刷厂
发 行 者：东北大学出版社
幅面尺寸：185 mm × 260 mm
印　　张：12.75
字　　数：295 千字
出版时间：2023 年 7 月第 1 版
印刷时间：2023 年 7 月第 1 次印刷
责任编辑：潘佳宁
责任校对：杨　坤
封面设计：潘正一

ISBN 978-7-5517-3332-8　　　　　　　　　　　定 价：68.00 元

前　言

近年来，工业与民用建筑、公路、铁路、水利、基础设施等工程建设高速发展，涉及地域包括城市和广阔乡村，工程建设资料日积月累，对工程地质特性认识愈加深入，有必要对于辽宁省地形地貌、地质构造、各地区地质特性进行汇总分析，针对不同地层条件，辽宁省在工程建设中采取了各种岩土工程对策，针对特殊问题进行了专门科研工作，将这些岩土工程实践总结提升，为岩土工程工作者提供一些借鉴，这是本书编写的初衷。

1. 地形

地形是指陆地表面各种各样的形态，包括地势与天然地物和人工地物的位置在内的地表形态，总称地形。

地形按其形态可分为山地、高原、平原、丘陵和盆地五种基本地形类型，除此之外还有山谷、山脊、鞍部、山顶、洼地、陡崖、三角洲、冲积扇等。地势就是地表高低起伏的总趋势。

地貌有时也称地形，但是实际比地形的范围更广泛一些，是地表外貌各种形态的总称。地貌是在地形的基础上再深入一步，须探究其前因后果。地貌学是一门学科，是研究地形成因的科学。按照地貌形态的空间规模差异，可以把地貌形态分为若干个不同的空间单元。

星体地貌形态：占有整个地球，是最大的地貌形态，包括大陆和海洋两个单元。

巨地貌形态：占有数万到数十万平方千米面积，包括山系和平原等单元，比如喜马拉雅山系、巴西高原。

大地貌形态：占有数百至数千平方千米面积，包括单独的山脉和盆地。

中地貌形态：占有数十到数百平方千米，比如独立的山峰。

小地貌形态：占有数平方千米到数十平方千米，比如沟谷、河谷、新月形沙丘等。

微地貌形态：从数平方厘米到数平方千米，是复杂地貌形态的最小单元，比如洼地、浅沟等。

微地貌形态和小地貌形态可以称为单独形态；星体地貌形态、巨地貌形态、大地貌形态和中地貌形态则可称为复杂形态，由单独形态构成。而实际上，各个地貌形态之间没有严格确定的界限。

在地图上，地貌形态主要表现为等高线。例如，等高线越密集，坡度越陡；等高线越稀疏，坡度越缓。地表形态是由每个基本的地貌要素构成，包括面、线和点，地貌点是地貌面或线的交点，比如山顶点。

地貌是内动力物质作用和外动力地质作用对地壳作用的产物。

按其成因可分为构造地貌、侵蚀地貌、堆积地貌、气候地貌等类型。按动力作用的性质可分为河流地貌、冰川地貌、岩溶地貌、海成地貌、风成地貌、重力地貌等类型。

2. 地质构造

地质构造是地壳或岩石圈各个组成部分的形态及其相互结合方式和面貌特征的总称，如断裂、褶皱等；地质构造是岩石或岩层在地球内动力的作用下产生的原始面貌。

简单地说，地质构造是地下岩层的变化状况，地形地貌是地质构造的基础，而地形地貌是地球表面的表现形态。

地质构造作用形成的地貌包括地质时期的构造和新第三纪以来形成的新构造。

构造地貌的主要类型有板块构造地貌、断层构造地貌、褶曲构造地貌、火山构造地貌、熔岩构造地貌和岩石构造地貌。

地质时期形成的各种构造受外力侵蚀作用后形成的地貌，如背斜山、背斜谷；向斜山、向斜谷;断层崖、断层线崖等。由新构造运动形成的褶曲、断层等遗迹，称为新构造，新构造运动可以分为垂直运动和水平运动。地壳垂直运动形成的地貌，如上升的山地、丘陵、台地;下降的平原、盆地；间歇上升的阶地等。大范围的地壳水平运动使地壳产生挤压或拉张，可以形成大规模的大陆褶皱山系高原、大陆裂谷、断陷盆地；大陆边缘的岛弧、海沟、大陆坡；洋底中脊、火山等地貌类型。

现代地表不同规模不同成因的地貌于不同发展阶段，按不同规律分布于不同地段，地质作用分内力地质作用和外力地质作用两种。

内力地质作用是由地球转动能、重力能和放射性元素蜕变的热能而产生的地质动力所引起的地质作用。它们主要是在地壳中或地幔中进行的，故称为内力地质作用，其表现方式有地壳运动、岩浆作用、变质作用和地震等。

外力地质作用是由地球范围以外的能源所产生的地质作用，它的能源主要来自太阳辐射能以及太阳和月球的引力、地球的重力能等。其作用方式有风化、剥蚀、搬运、沉积和成岩作用等，地球在动力作用下将会产生不同的能量，直接影响到地质活动与形成。

总的说来，地貌形态是内外地质应力相互作用的结果。

地表 10 km 以上的地壳属于浅层构造。构造的形成主要是由于挤压推覆或者地壳扩张伸张造成的，在地质形式上将会直接形成造山带或者是盆岭构造。

构造地质学在工程地质中的应用，把地质体内的各种构造变形，如褶皱、断层、节理、劈理，还有其他各种面状和线状构造，称为结构面。

地质作用在漫长的地球形成发展和演化过程中，形成了众多的地质体，包括层状地质体和块状地质体。当然也有内力地质作用、岩浆侵入作用、火山喷发作用形成大型的火山层状体或火山地层块状地质体。外力地质作用导致的构造作用与地层的沉积（堆积）及其改造，岩石风化、剥蚀、搬运、沉积作用存在着明显的差异性。

3. 地层工程地质特性

进行各种工程建设涉及的岩土工程最直接关注的是建设场地的工程地质特性。根据工程建设的不同阶段，需要进行的相关工作包括区域地质调查，了解区域构造，内外力地质作用规律，进行地球动力预测，掌握构造的活动性，对工程建设的适宜性进行评价。

工程建设前进行各阶段岩土工程勘察的目的就是查清建设场地涉及地层的工程地质特性，不同种类的建设工程对勘察要求的侧重点有所差异。

岩土工程勘察宜分阶段进行，以房屋建设为例，岩土工程勘察分可行性勘察、初步勘察、详细勘察三个阶段。

可行性勘察应对场地的稳定性和适宜性做出评价。对场地附近自然地理、地形地貌、地表水系、区域地质、地质构造、地震背景进行描述，对场地地层、地下水、不良地质进行描述，并提出防治或避让建议。

初步勘察应查清场地地形特征及所属地貌单元，应查清场地内地层分布情况，给出主要地层参数，查清地下水类型及补给排泄条件，应对场地内拟建建筑地段的稳定性做出评价，提出地基基础形式及基坑支护等建议。

详细勘察应详细查明地形地貌及环境工程地质条件、地质构造、地基土分布及性质、地下水及地表水对工程的影响，按单体建筑或建筑群提出详细的岩土工程勘察资料和设计、施工所需的岩土参数，对建筑地基做出岩土工程评价，并对地基类型、基础形式、地基处理、基坑支护、工程降水和不良地质作用的防治等提出建议。

岩土工程勘察各阶段勘察工作包括编制工作纲要、现场实施、内业资料整理等主要步骤。

进行岩土工程勘察工作，现场踏勘是必不可少的，通过现场踏勘，正确认识地质地貌类型，能预见该场地可能存在的相应工程地质问题，进而对下一步勘查工作内容进行调整。

根据不同地区、不同场地、不同建筑基础形式的需求采用不同的勘察测试手段也是非常必要的。现在的城市区域经过多年的工程建设，完全空白区很少，在勘察实施前要搜集资料，根据软土、特殊土等不同地层的工程地质特性采用合理的勘察手段，根据地质地貌类型变化有针对性地加密或减少勘探点数量，根据基础形式增加或减少勘探点深度。

总体而言，与纯粹地质工作不同，岩土工程勘察更关注物理力学参数，对于地层时代主要根据区域资料确定，较少专门测定，对于地层成因一般根据区域资料结合野外现场鉴定综合判定。

对于特殊性岩土，地层时代及地层成因的确定就显得特别重要，如7，8度区时砂土液化判别，新近堆积素土、杂填土的堆积年限等工程意义非常大，影响基础选型、造价、工期等方方面面。

岩土工程勘察时，地层主层首先按时代划分，同一时代的地层根据工程需要可划分为多个主层，时代相同、不同成因的土应划分为不同的主层，原则上不宜将沉积环境差异较大的层划分在同一主层内，如坡积层不应与冲、洪、湖积层划分在同一主层。

特殊性质的土应单独划分为主层，对工程影响大的层，也可单独划分为主层，与工程相关的不利地层、对拟建工程影响巨大的不利层位，也应单独划分为一个主层，主层确定后，根据物理力学性质的不同，再划分为若干亚层，考虑地层分层的复杂性，为避免混乱，部分地区建立了标准地层。

4. 岩土工程

岩土工程是土木工程的一部分，工程建设主要涉及浅部土层及岩层，90%以上的建筑是建在第四系地层上的，岩土工程又是一门年轻的学科，基础理论还不完善，很多分支领域尚处于实践—认识—再实践阶段。

岩土工程包括岩土工程勘察、岩土工程设计、岩土工程施工、岩土工程检测、岩土工程监测等方面，通过对地形地貌、地质构造的调查及岩土工程勘察对建设场地工程地质特性的认知是后续岩土工程设计、岩土工程施工、岩土工程检测、岩土工程监测的基础，对岩土工程及整个建设工程的安全、造价、施工工期影响非常大，因此，准确掌握建设场地工程地质特性非常重要。

工程地质特性有其普遍规律性和特殊性，既要了解区域性规律，又要掌握局部场地特性，积累越多的地质资料和工程建设经验，对工程地质特性的认知就越清晰。

辽宁省总体地势呈马鞍形，中部为辽河平原，东西为丘陵低山，辽东半岛直插入海，带动渤海湾，使得辽宁拥有美丽富饶的海岸线。从浅部地层分布看，岩石、砂卵石、黏性土、淤泥各有占领地盘，地质构造各显神通。辽宁的经济发展、工程建设曾经辉煌，辽宁的岩土工程大有可为，辽宁岩土工作者要勤于积累、善于总结分析，才会将区域与局部结合起来，服务工程，助力辽宁发展，将辽宁建设得更加美好。

参加本书编写的还有梁政国教授（第二章），中国建筑东北设计研究院有限公司贺清云教授级高级工程师（第一章），宋宪松教授级高级工程师、孙海浩高级工程师、杨丽春教授级高级工程师、李视熹高级工程师、肖胜寒工程师（第三章），杨淼高级工程师、王颖高级工程师、李镇波教授级高级工程师、崔洋高级工程师、朱光宇教授级高级工程师（第四章）等人。全书由张丙吉、苏艳军、戴武奎统稿并参与各章编著工作。

借此机会，向参加本书编著及提供基础资料的全体同人致以衷心的感谢！

编著者

2023年1月

目　录

第1章　辽宁地形地貌 ··· 1

1.1　辽宁省行政区划 ·· 1

1.2　辽宁省地势 ··· 1

1.3　辽宁省地貌 ··· 2

1.4　辽宁省降水量 ·· 2

1.5　辽宁省地表水系 ·· 2

第2章　辽宁地层及区域构造 ··· 4

2.1　辽宁地势构成的地质基础 ·· 4

2.2　辽宁区域地质要点 ·· 4

2.3　辽宁地层统揽 ·· 5

2.4　辽宁三大岩类梳理 ·· 7

2.5　辽宁区域沉积史简述 ·· 8

2.6　辽宁构造地质 ·· 8

第3章　辽宁各地区浅层工程地质特性 ·· 10

3.1　辽北平原区工程地质特性 ·· 10

3.2　辽宁中部平原区工程地质特性 ·· 14

3.3　辽宁西部丘陵区工程地质特性 ·· 39

3.4　辽宁东部山地区工程地质特性 ·· 73

3.5　辽宁滨海区工程地质特性 ·· 84

3.6　辽东半岛工程地质特性 ·· 102

第4章　辽宁各地区岩土工程对策 ··· 113

4.1　天然地基 ··· 113

4.2　桩基础 ··· 136

4.3　地基处理 ··· 143

4.4　基坑支护及降排水 ··· 147

4.5　边坡防护 ··· 161

第5章 辽宁各地区典型岩土工程案例 ···································· **166**

5.1 沈阳市府恒隆广场基坑支护及降水工程 ···························166

5.2 中国医科大学附属第四医院扩建崇山院区综合病房楼B座项目基坑支护及降水工程 ·······169

5.3 营口兴隆大厦基坑支护及降水工程 ···························172

5.4 锦州国际会展中心基坑支护及降水工程 ·······················176

5.5 丹东市垃圾处理场改造建设（焚烧发电）PPP项目边坡支护工程 ··········179

5.6 辽宁省实验学校本溪高新区分校边坡支护工程 ·················183

5.7 大连星海湾古城堡酒店改造设计项目 ·······················185

5.8 华晨宝马汽车有限公司产品升级项目挡土墙工程 ···············189

参考文献 ·································· **194**

第1章　辽宁地形地貌

1.1　辽宁省行政区划

辽宁省地处我国东北地区南部，位于东经118°53′~125°46′，北纬38°43′~43°26′，东北与吉林省接壤，西北与内蒙古自治区毗连，西南临河北省，东南以鸭绿江为界与朝鲜民主主义人民共和国相望，南濒黄、渤二海。南北长530 km，东西宽574 km，总面积为14.8万 km²。

辽宁省有14个省辖市，16个县级市、25个县（其中8个少数民族自治县）、59个市辖区，省会设在沈阳市。

1.2　辽宁省地势

辽宁省地势骨架受北北东向地质构造格局控制，山脉、平原均呈北东向展布。山地、丘陵分列于东西两侧，中部为平原，北部为波状平原及丘陵低地。山地和丘陵占全省总面积的3/5，平原占2/5。主要河流自东、西、北三个方向汇集于中部平原。全省海岸线长2620.5 km（其中岛屿海岸线649 km）。

全省地势按其特点可分为四个部分。

（1）辽东山地丘陵：它是长白山的南延部分，地势由东北向西南逐渐降低，由中脊向东西两侧降低，构成辽河水系与鸭绿江水系的分水岭，其中，沈阳、丹东一线东北为吉林哈达岭和龙岗山的南延部分，峰峦起伏、山势陡峻。

（2）辽西山地丘陵：它包括彰武、新立屯、北镇、辽东湾西岸的广大地区，地势由西北向东南呈阶梯式降低到渤海沿岸，形成狭长的滨海平原，依山临海，地势险要，形成著名的"辽西走廊"，为关内外的交通要冲；这里自西向东平行排列着努鲁儿虎山、松岭山、医巫闾山，努鲁儿虎山主峰大青山海拔1153 m，大黑山海拔1140 m，楼子山海拔1091 m，是西辽河、大凌河上游的分水岭。

（3）下辽河平原：它位于辽东、辽西山地、辽北平原丘陵之间，倾向辽东湾，由辽河等水系冲积而成。地势低平，由北向南缓倾，海拔在50 m以下。辽河、浑河、太子河、大凌河、小凌河、绕阳河汇集本区，注入渤海。平原内地面坡降小，分布有大面积沼泽洼地、河滩及牛轭湖。

（4）辽北波状平原：丘陵和低地分布于辽东辽西山地之间，下辽河平原东北（主要在康平、法库、铁岭、调兵山、开原、昌图一带）海拔50～350 m，丘陵盆地相间呈波状，坡度平缓。西部与内蒙古接壤处断续分布着沙丘。

1.3　辽宁省地貌

辽宁大地地貌是受内、外地质应力作用演化而成。辽宁省以下辽河平原为中心，由东北向西南，自两侧向中间，由山地、丘陵过渡到平原。

辽东地区：自东北向西南，哈达岭、千山至辽东半岛，构成下辽河与鸭绿江两大流域分水岭，形成侵蚀构造和构造侵蚀地形。在太子河流域，岩溶地貌发育。辽东山间谷地多呈树枝状，沿河发育一级堆积阶地和二至五级基座阶地。沿黄海海岸，仅鸭绿江口形成滨海三角洲，其余为剥蚀低丘或近似夷平的基岩台地。

辽西地区：自西向东为努鲁儿虎、松岭、医巫闾等山地。走向东北，多为构造剥蚀和剥蚀构造地形。沿河谷两侧常形成坡洪积裙，并与一、二级阶地连接在一起，组成似鸡爪状中宽谷。大凌河以北冲沟发育，水土流失严重。

辽中地区：为下辽河冲积低平原，东、西两侧山前为坡洪积（或冲洪积）缓（微）倾斜平原，其南为冲海积低平原，地下水埋藏浅，常见芦苇沼泽与滨海盐土分布。

辽北地区：昌图一带多为冲沟发育的冲湖积平原，其上沙丘与湖积平地相间分布。柳河平原微向南倾。辽河中游及秀水河子河谷地段，为冲积宽谷地。

辽东湾北岸与鸭绿江口地区为堆积海岸，其余为岸线曲折的砂岸和岩岸，大多相间分布。

1.4　辽宁省降水量

辽宁省大部分处于温带半湿润和半干旱季风区，由于辽东半岛和山东半岛的夹峙及东部山地阻隔，气候的大陆性比较明显，全省年降水量在400～1200 mm，四季变化大。冬季寒冷，1月平均气温-5～-18 ℃，降水量小于40 mm；夏季炎热，7月平均气温22～26 ℃，降水量达300～800 mm；春秋两季温和而短促，春季降水量在50～150 mm，秋季降水量在60～200 mm，略高于春季。"雨热同季"是辽宁省气候的特点。

降雨的分布趋势是由东南向西北逐渐减少，最多雨的鸭绿江下游山区年降水量可达1200 mm以上，而少雨的建平县年降水量往往不足400 mm。

1.5　辽宁省地表水系

辽宁省有大小河流300余条，其中流域面积在1000 km²以上的干、支流有30余条。主要水系有以下几个。

（1）辽河：辽河上游分为西辽河和东辽河。在辽宁省境内主要支流有招苏台河、清河、柴河、凡河、柳河、秀水河、养息牧河等。辽河流域总面积为192000 km²，总长1430 km，其中辽宁省境内面积为31700 km²，长约480 km。

（2）浑河：浑河发源于清原县滚马岭，与太子河相汇于三岔河，下游河段称大辽河，而后经营口入海。总流域面积为11480 km²，河长415 km。

（3）太子河：太子河发源于新宾县红石砬子山，总流域面积13880 km²，河长413 km。

（4）鸭绿江：鸭绿江发源于吉林省长白山天池，为中朝两国分界河流，流经长白、临江、集安等县，至丹东市西南注入黄海。河长773 km，总流域面积61900 km²，其中辽宁省境内河长200 km，流域面积17000 km²，主要支流有浑江、浦石河、瑷河等。

（5）大洋河：大洋河发源于岫岩县新开岭，河长164 km，流域面积6200 km²，较大支流有哨子河等，至大孤山镇注入黄海。

（6）绕阳河：绕阳河发源于阜新县骆驼山，主要支流有东沙河、羊肠河及西沙河等，流经阜新、黑山、北镇、台安，在盘山汇入双台子河。河长283 km，流域面积9950 km²。

（7）大凌河：大凌河发源于凌源市打鹿沟，流经朝阳、义县后于凌海市东南注入渤海。河长397 km，流域面积23540 km²。主要支流有老虎山河、牤牛河及西河等。

（8）小凌河：小凌河发源于朝阳县助安喀喇山，河长206 km，流域面积5480 km²。较大支流有女儿河，流至锦州市南注入渤海。

（9）渤海西岸诸河：渤海西岸诸河主要包括六股河、兴城河、狗河等。

（10）辽东半岛诸河：辽东半岛诸河主要包括沙嘴河、英那河、碧流河、庄河、大沙河、复州河、熊岳河及大清河等。

第2章　辽宁地层及区域构造

2.1　辽宁地势构成的地质基础

辽宁地处亚洲东北部，太平洋西北岸，濒临渤海、黄海。境内中部下辽河盆地地壳较薄，厚度仅33 km左右，其东西两侧隆起地块地壳逐渐加厚，分别可达36～38 km。该部地壳属于陆壳华北地台型部分。本地壳据地质演化程度差异，又可分为基底与盖层两部分。

辽宁境域地壳中，基底与盖层的赋存较齐全，即太古界至新生界均有出露。但其出露的地层以华北地层区域为主。侏罗纪前地层发育程度、沉积岩相、变质作用和地壳活动性等方面均存在着明显差异，侏罗纪以后，基本相同。

太古界、下元古界变质岩系地层（即地壳基底）大部分以残留方式分布在大面积的混合岩、混合花岗岩体中，包括辽东清原、新宾、抚顺、鞍山、本溪的鞍山群、辽河群系列地层，辽西凌源、朝阳、喀左、阜新的建平群、卡拉房子群等系列的深浅变质岩系。辽东地块基底出露面积较大，仅在太子河凹陷、复州湾凹陷及辽东半岛南端等处存有上元古界、古生界、中生界盖层叠置。

自中上元古界至新生界，辽宁境内沉积了1～35 km厚的沉积地层，出露面积达3.4×10⁵ km²，其中生界分布面积广，且主要分布于朝阳、阜新间数十个中生代盆地群中。古生界出露面积很小且零星。辽宁境内陆壳基底变质岩系主要由麻粒岩、片麻岩、混合花岗岩、斜长角闪岩、片岩、浅粒岩、大理岩等组成。后续迭起的沉积盖层主要由白云岩、砂岩、页岩、灰岩、砾岩夹煤层等组成。在朝阳、凌源、本溪、瓦房店及沈阳康平等地区主要以沉积岩为主，基本形成软硬相间的岩体结构。在营口、盘锦、沈阳等中部低海拔平原区，主要以第四纪沉积物为主，形成了不同类型结构的土体。其他地区主要为岩浆岩和变质岩相间的硬质岩区。

2.2　辽宁区域地质要点

辽宁省地域地壳地层跨两个一级地层区，以赤峰—开原断裂为界，南属华北地层区，北属天山—兴安地层区。两个一级地层区在侏罗纪以前，其地层发育程度、沉积岩相、生物群、变质作用、地壳活动性等方面存在着明显差异，侏罗纪以后，则基本相同。华北地层区除缺失上奥陶统、志留系、泥盆系、下石炭统、上白垩统外，其余各时代地层皆有不同程度的发育。

2.3　辽宁地层统揽

2.3.1　太古界

辽宁太古界在国内占有重要地位，分布广泛，岩性复杂，厚度很大，是一套遭受区域变质作用而形成的中深变质岩系，辽东地区称鞍山群，辽西地区称建平群。

辽东地区清原区主要地层有石棚子组（Ars）、通什村组（Art）和樱桃园组（Ary）。

辽东地区新宾—抚顺区主要地层有石棚子组（Ars）和通什村组（Art）。

辽东地区鞍—本区主要地层有茨沟组（Arcg）、大峪沟组（Ardy）和樱桃园组（Ary）。

辽南地区主要地层有城子坦组和董家沟组（Ardj）。

辽西地区建平群由下而上分为小塔子沟组、大营子组和瓦子峪组，主要分布于建平、朝阳、北票北部、阜新、凌海。此外，零星出露于兴城和绥中等地。

2.3.2　下元古界

辽宁下元古界广泛分布于辽东地区。主要由片岩、变粒岩、浅粒岩、变质火山岩、大理岩等中浅变质岩系组成。自下而上分为两个群：下部称辽河群，上部称榆树砬子岩群。

地层组有浪子山组（Pt1l）、里尔峪组（Ptlr）、高家峪组（Pt1g）、大石桥组（pt1d）和盖县组（Pt1gx）。辽河群下亚群里尔峪组以变粒岩、浅粒岩、钠长浅粒岩、电气变粒岩或变质火山岩、夹白云质大理岩为主要岩石组合，构成独特的含硼变质岩系。

2.3.3　中上元古界

辽宁中上元古界分布广泛，发育良好。以抚顺—营口断裂为界分两种类型，四个沉积区。断裂以西称燕山型，下分辽西、沉河两个地区；断裂以东称辽东型，下分太子河、复州—大连两个地区。

辽西地区地层组有长城系的常州沟组、串岭沟组、团山子组、大红峪组、高于庄组，总厚1836.8～4869.2 m。由碎屑岩、碳酸盐岩组成两个沉积旋回。蓟县系的杨庄组、雾谜山组、洪水庄组，铁岭组总厚2387.8～6517.5 m，蓟县系由碳酸盐岩和碎屑岩组成，平行不整合于长城系之上。青白口系包括下马岭组（Qnx）和景儿峪组（Qnj）。

太子河地区上元古界较为发育，自下而上分为青白口系和震旦系，后者中、上部层位缺失。总厚1579.9～4214.2 m。由碎屑岩、黏土岩和碳酸盐岩组成，青白口系自下而上分为永宁组、细河群钓鱼台组、南芬组，震旦系包括内陆桥头组和康家组，与下伏青白口系为平等不整合接触，其上被下寒武统碱厂组不整合覆盖。

复州—大连地区上元古界地层发育，自下而上分为青白口系和震旦系。总厚2338.3～13694.3 m。青白口系由碎屑岩、黏土岩和碳酸盐岩组成，包括永宁组（Qny）、钓鱼台组（Qnd）和南芬组（Qnn）。震旦系包括三个群十个组，即细河群桥头组，五行山群长岭子组、南关岭组、甘井子组，金县群营城子组、十三里台组、马家屯组、崔家屯组、兴民村组和大林子组，与下伏青白口系为整合接触。

2.3.4 古生界

辽宁境域古生界地层包括寒武系、奥陶系、石炭系、二叠系，在太子流域等地均有所发育与出露。

寒武系以太子河区为代表，下统为碱厂组、馒头组；中统为毛庄组、徐庄组、张夏组；上统为崮山组、长山组、凤山组。

奥陶系地层主要分布于太子河流域的灯塔、辽阳、本溪、桓仁等市县境内。由下至上分为下统冶里组、亮甲山组，中统马家沟组。总厚507～1202 m。

辽宁省地台型石炭系发育，主要分布于太子河地区、复州地区、辽西地区。前两个地区的石炭系沉积厚度较大，粒度较细，层位稳定，夹有海相地层及煤层。以太子河地区为例，本溪组（c2b）（代表性剖面为本溪市牛毛岭剖面）和太原组（C3t）。

辽宁地区二叠系仍属华北地台型，主要集中在太子河地区、复州地区、辽西地区。以太子河地区为例，包括山西组（P1s）、下石盒子组（p1x）、上石盒子组（p2s）和石千峰组（P2sq）。

2.3.5 中生界

进入中生代以来，由于印支运动与燕山运动相继绵连发生花岗岩侵入作用后，在辽宁省境域局部断陷盆地或山间谷地间先后沉积了三叠系、侏罗系、白垩系岩石或生物地层。其中，三叠系在辽东本溪地区有所沉积，在辽西地区凌源等地有零星沉积。侏罗系白垩系在辽西地区北票、朝阳、阜新盆地均有大量差时性生物性沉积。

辽宁三叠系仅零星分布于凌源、建昌、葫芦岛、北票及本溪林家崴子等地。地层分组包括红石砬子组（T1h）、后富隆山组（T2h）和老虎沟组（T3l）。

辽宁境内的侏罗系分布于辽西、辽东、辽南、辽北等地的盆地内，其地层发育齐全，岩性、岩相变化较大，动、植物化石比较丰富。厚度为4221～7674 m。辽西地区为省内侏罗系最发育地区，出圳齐全，层序清楚，多期中基性火山岩系发育。

以朝阳—北票盆地岩石地层为典型，该盆地岩层层序齐全，岩性复杂，韵律明显，岩性、岩相、厚度变化较大，总厚度达1694.7～7674 m。自下而上划分为下统兴隆沟组、北票组；中统海房沟组、兰旗组；上统土城子组。

辽宁省白垩系广泛分布于朝阳、阜新、义县、北票、桓仁、本溪等地。下、中白垩统发育、缺失上白垩统。该地层中蕴含丰富的"热河生物群"化石，在中国北方陆相侏白的分界等生物地层的研究中，具有重要意义。以辽西阜新盆地出露的地层系统为代表自下而上划分为义县组、九佛堂组、阜新组、中统孙家湾组。

2.3.6 新生界

距今6000万年左右以来，在喜山运动相继燕山运动基础上，营造了辽宁东西高中间低的地形面貌。

省内第三系主要分布在下辽河平原及浑河流域。掩埋于第四系之下的下辽河地区第三系发育完整，自古新世至上新世堆积了一套包括火山岩在内的多种成因类型的巨厚的含油岩系。浑河流域抚顺地区仅见老第三纪古新世至渐新世的抚顺群，本省第三系地层仅以抚顺群表述之。

抚顺群根据其岩性、岩相、古生物组合和接触关系以及含矿性等特征，划分为六个组，自下而上为古新统老虎台组、栗子沟组、始新统古城子组、计军屯组、西露天组和渐新统耿家街组，抚顺群总厚度385～1979 m。

省内第四系发育颇为完整良好，分布亦较广泛。将全省第四系划分为辽东、辽西和下辽河平原三个地区。辽西第四纪地层发育良好，层序完整、齐全，古生物化石亦较丰富。松散堆积物以黄土或类黄土堆积为主，冰期的冰碛、冰水沉积物也具一定规模。

2.4 辽宁三大岩类梳理

统察全省境内岩石地层系统，太古界、下元古界变质岩地层大部分以残留体分布于大面积的混合岩、混合花岗岩之中，包括清原、新宾、抚顺、鞍山、本溪的鞍山群、辽河群系列地层；凌源、朝阳、喀左、阜新的建平群，卡拉房子群等系列深浅变质岩。基底变质岩主要有麻粒岩、片麻岩、变粒岩、混合花岗岩、斜长角闪岩、二云石英片岩、斜长角闪片岩、磁铁石英岩、绿泥片岩、片岩、浅粒岩、变质火山岩、大理岩等。

自中上元古界至新生界，据不完全统计，省内先后沉积了1～35 km厚的沉积岩地层，出露面积达3.4万 km²，其中，中生界分布面积广，古生界出露面积最小。在赤峰—开原壳断裂以北，尚存小范围的地槽型沉积地层。沉积岩地层主要由白云岩、砂岩、页岩、灰岩、泥灰岩、砾岩、砂岩夹页岩及煤层、火山角砾岩等组成。

辽宁省内岩浆岩十分发育，侵入岩和火山岩都有广泛分布，其中，鞍山、辽河、印支、燕山、喜山旋回剧烈，出露面积达2.25万 km²，约占全省总面积的15%。其中燕山旋回在辽宁省表现异常突出，基本上奠定了全省大地构造格局与地貌形态。岩浆岩地层主要由花岗岩、闪长岩、辉绿岩、辉长岩、玄武岩、超基性岩等组成。

从构成大地表壳的各类岩石的岩性分布分析表明，在朝阳、锦州东凌海、本溪、瓦房店以及沈阳的康平大部分地区主要以沉积岩为主，基本形成了软硬相间岩（土）体结构；在营口、盘锦、沈阳等中部低海拔平原地区，主要以第四纪各类沉积物为主，形成了不同类型的土体结构。其余地区主要以岩浆岩和变质岩为主体，形成了二元以上的硬质岩质结构。

2.5　辽宁区域沉积史简述

包括辽宁地块在内的华北地台的结晶基底形成之后，陆地地表在距今约 1900 Ma 的风化—沉积作用旋回里所产生的沉积物成分具有阶段性演化的特点，考虑沉积作用与区域构造旋回的联系，可分为四个演化阶段。

第一阶段（1900—1000 Ma），即整个中元古代。以沉积巨厚的富镁碳酸盐岩为特征，中元古代沉积岩石，自下而上为碎屑—碳酸盐岩—碎屑岩构造旋回，总体上显示次稳定型建造系列的特点。

第二阶段（1000—460 Ma），包括晚元古代和早古生代。富钙的碳酸盐岩完全取代了原生的富镁碳酸盐岩，镁质的局部增高主要受盆地海水盐度和沉积环境的控制。在 600 Ma 左右，广泛出现红层及蒸发岩类沉积，是辽宁省重要的硫酸盐岩成矿时期，在辽东有石膏矿形成（早寒武），辽西则产生重晶石富集。这一阶段陆源碎屑组分以单晶石英居绝对优势，并且普遍出现海绿石矿物。

第三阶段（330—230Ma），晚古生代。本省海相碳酸盐岩沉积显著减少，而以陆源碎屑物为主的堆积增加。碎屑组分为单晶和多晶石英以及各种再沉积的沉积岩碎屑。稀土总量在石炭纪降到最低，这无不说明长达 130 Ma 的大陆风化作用后，稀土元素的流失比较严重，分馏强烈，使得混有残余物质（铝土矿等）的沉积物稀土元素贫化并相对富集轻稀土元素。岩石的主量元素 Al、Mg 及高价 Fe 等有增加的趋势，从这一时期开始出现一定规模的有机质煤的沉积。

第四阶段，230—195 Ma 或 67 Ma。中生代及新生代第三纪或第四纪。三叠纪是本省沉积碎屑组分的重要转变时期。这一时期的碎屑组分以长石含量为主，并且斜长石近等或略大于钾长石，岩屑组分则与晚古生代相似，具有承上启下的特点。进入侏罗—白垩纪，沉积物质来源变得更为复杂，岩屑和长石在碎屑中占重要的位置，而石英则退居末位，其中，岩屑成分以火山岩居多。动植物残体的大量聚集、保存和转化可燃有机岩（石油、煤）是该时期沉积的另一特征。

2.6　辽宁构造地质

2.6.1　辽宁大地构造格局

鸟瞰辽宁 14.86 万 km² 大地，审视地质地貌，辽宁总体构造格架为 NE 走向的东、中、西三分地块。

（1）东部—辽东隆起地块：它是一个 NE 向的并且有太、元、古、中多次构造旋回性的构造隆起地块，次一级 SN 向的隆起、凹陷线条明显，中生代地质演化痕迹到处可见。该地块上辽宁屋脊及海拔超过 1000 m 以上的山峰 10 余处均由燕山运动与中酸性花岗质岩体侵入作用而定型的。

（2）中部—下辽河盆地为 NE 向的新生代断陷—坳陷盆地：早第三纪时，发生了大规模 NE 向裂堑，形成了一系列紧密相间的次一级隆起和凹陷，凹陷内沉积物厚度达 4000～6000 m，老第三纪时有多期玄武岩喷发。

（3）西部—辽西隆起地块：辽西隆起地块内五分之三面积为原燕辽沉降带所占据，即为辽西中生代盆地群上下分别迭盖，其内赋含中生代四次火山沉积旋回为特征的火山沉积系列地层，包括举世罕见的中华龙等珍贵化石的热河生物群就产在这些地层里。辽西隆起次一级 SN 向古生代隆起、凹陷线条已模糊，该地块南北两侧即内蒙古地轴、山海关古隆起的前震旦陆壳基底分布十分零星。该地块上努鲁儿虎山、松岭山、医巫闾山及海拔超过 800 m 以上的山峰均由燕山运动与中酸性花岗质岩体侵入作用而定型的。

2.6.2　省内构造单元及其基本特征

辽宁省大地构造单元划分系根据多旋回构造发展演化基本理论，并结合省内地质构造特征作为划分依据的。以地壳构造发展的变质旋回时期，即地槽转化为地台的时期作为划分一级构造单元的最基本原则；以在地史发展中的构造特点，即基底起伏和盖层构造以及控制盖层发育并分开它们的深断裂作为划分二级单元的依据；以地史的发展和改造结果的特征，即大型隆起和凹陷作为划分三级单元的基础；以后期改造及盖层构造形态作为划分四级单元的标志。

按上述原则，全省共划分出 3 个一级构造单元，7 个二级构造单元，8 个三级构造单元，20 个四级构造单元。

2.6.3　构造旋回、构造层、断裂问题

（1）构造旋回：根据地层接序关系、古构造和古地理发展演化及诸多沉积、变质建造、同位素年龄值等方面资料，将辽宁境域划分为鞍山、辽河、燕辽、加里东、印支、燕山和喜山等构造旋回。

（2）构造层：反映一区域大地构造环境和地壳演化过程或一个构造旋回内所有建造与改造的整体即为构造层。两套不整合面之间时空地质物质称为构造层。依据辽宁地壳运动、沉积建造、沉积相等方面特点，又可将构造层分为地槽型、地台型、大陆边缘型构造层。

（3）断裂问题：根据黄汲青先生（1977）提出的断裂分类方案，结合辽宁区域构造、地球物理资料，省内断裂划分为四类：超岩石圈断裂、岩石圈断裂、壳断裂和一般断裂。

第3章　辽宁各地区浅层工程地质特性

3.1　辽北平原区工程地质特性

辽北平原区主要指铁岭市、昌图县，铁岭市主要城区部分包括开原市、铁岭县、西丰县、清河区、银州区。

3.1.1　开原市、铁岭县、铁岭市

（1）地形地貌特征：本区域坐落于辽河中下游、辽河东岸、柴河至辽河入口处的冲积平原之上，是辽北地区经济文化中心，规划面积约35 km²，地势东高西低，除中部及东南部龙首山一线为残积、坡积物外，其余大部分地区为第四纪沉积物。

本区域的地貌形态比较简单，地层、岩性、构造对地貌形态起着一定的控制作用。总的特点是：沿辽河两岸呈冲积平原展布，平坦开阔。东北部丘陵低缓连绵，东南部丘陵山峰陡峭，地形崎岖，同时以红光—平顶堡大断裂为界，东南部与西北部地形差异较大，东南部构造因素对地形影响较大，西北部较小。区内较大的河流有辽河、柴河、凡河，其余为一些由间歇性河流组成的狭长河谷地貌。根据地貌成因类型与形态类型将全区地貌分为3种地形9个亚区。即构造剥蚀地形—高丘陵、低丘陵；剥蚀坡积地形—山前坡洪积扇裙、丘间谷地、熔岩台地；堆积地形—湖沼洼地、辽河冲积平原、一级阶地、河漫滩。

（2）区域地质：铁岭市位于辽宁省东北部，所在区域跨越两个一级大地构造单元，南部为中朝准地台华北断坳下辽河断陷及胶辽台隆铁岭—靖宇台拱；北部为吉黑褶皱系张广才岭褶皱带及松辽坳陷。地壳活动相对稳定，属古老地块。区域内断裂构造主要为北东向的依兰—伊通断裂和近东西向的赤峰—开原断裂，该断裂的最新活动年代为中更新世，但第四纪全新世以来整体活动不大。

（3）工程地质条件：铁岭市区第四纪沉积物除龙首山一线为残积、坡积和洪积物外，均为冲积物，且以龙首山为界。龙首山以东，由西向东逐渐变厚，龙首山以西则由东向西逐渐变厚。第四纪沉积物自上而下可分为以下几类。

① 杂填土：杂填土在市区的大部分地段均存在，一般厚度为1.0～1.5 m，城内博物馆一带较厚，可达5.0～7.0 m。由于市区建筑、路面加高，市内杂填土层有逐年增高的趋势。杂填土层成分主要为建筑与生活垃圾、炉灰等，杂填土年限一般均在5年以上。

② 粉质黏土：本层土呈黄褐色，含氧化铁，层状构造，呈软塑～硬塑状态，厚度达0.6～10.0 m。

③ 中砂：本层一般深度为4.0～5.6 m，层厚0.2～2.7 m，呈灰白色～黄色，矿物成分为石英、长石石英，松散～中密。该层东部分选性较差，含黏性土，主要分布于南马路以西。

④ 砾砂：本层层厚为0.45～4.50 m，一般厚度为1.0～2.0 m，呈灰色～黄色，矿物成分为长石、石英，松散—密实，广泛分布于市区内。

⑤ 圆砾：本层层厚为0.30～4.60 m，一般厚度为1.0～2.5 m，呈黄褐色～暗褐色，松散～密实，矿物成分为花岗石、混合岩，主要分布于市区东北部。

铁岭市代表性工程地质剖面图如图3.1所示，地层物理力学指标见表3.1。

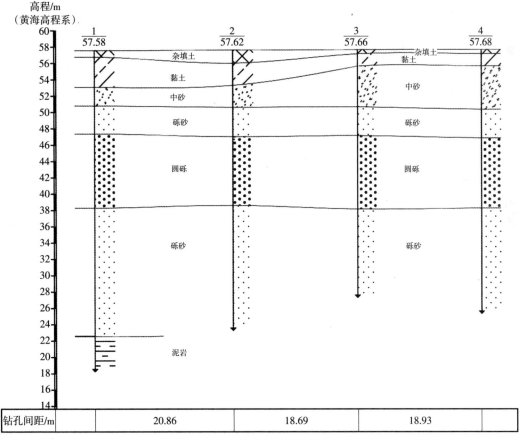

图3.1　铁岭市代表性工程地质剖面图

表3.1　铁岭市地层物理力学指标

地层名称	黏聚力/kPa	内摩擦角/(°)	承载力特征值/kPa	压缩模量（平均值）或变形模量/MPa
黏土	15～20	4.5～6.0	110～130	4.0～5.3
粉质黏土	12～16	4.5～6.0	90～110	3.8～4.5

表 3.1（续）

地层名称	黏聚力/kPa	内摩擦角/(°)	承载力特征值/kPa	压缩模量（平均值）或变形模量/MPa
细砂	0	16 ~ 26	130 ~ 140	15 ~ 20
中砂	0	18 ~ 32	220 ~ 240	20 ~ 28
砾砂	0	30 ~ 40	400 ~ 500	35 ~ 45
圆砾	0	35 ~ 45	600 ~ 700	40 ~ 50
砾砂	0	~	700 ~ 900	50 ~ 60
泥岩			600 ~ 750	

（4）铁岭市工程地质特性：铁岭市可分为东部低山丘陵区和西部辽河低丘平原区两大地貌区。市区地层主要为第四纪冲洪积层。在龙首山一带存在残积、坡积层以及风化岩。由龙首山至东西两侧，第四纪冲洪积层逐渐增厚。

杂填土在市区的大部分地段均存在，一般厚度为 1.0 ~ 1.5 m，城内博物馆一带较厚，可达 5.0 ~ 7.0 m。填土较厚区域对基础选型和基坑支护存在重大的影响。

第四纪冲洪积层主要由黏性土、砂土、碎石土组成。对于荷载不大的建筑物可采用浅基础，以黏性土层和上部砂层为基础持力层。荷载较大的建筑也可以采用筏板基础，以中密 ~ 密实的砂土层作为基础持力层；也可采用桩基础，以下部砂土层和碎石土层为桩端持力层。

在龙首山一带，建筑物可以采用浅基础以残坡积形成的黏性土层为基础持力层，但是需注意防水，因为残积形成的黏性土遇水易软化。同时，此区域风化岩埋深较浅，风化岩承载力高、工程性能好，可以作为建筑物的浅基础主要持力层以及大型建筑物的桩端持力层。

铁岭市城区的地下水类型主要为松散地层的孔隙潜水、上层滞水。孔隙潜水主要赋存于冲洪积的砂土层、碎石土层中，主要接受大气降水和长距离的河流侧向补给。上层滞水主要赋存于填土和粉质黏土层中。

3.1.2 昌图县

（1）主要地层：

① 杂填土（Q_4^{ml}）：黄色，不均匀，松散，稍湿，层厚 1.80 ~ 2.20 m。

② 粉质黏土 1（Q_4^{al}）：褐黄色，均匀，软可塑，层厚 2.00 ~ 2.80 m。

③ 粉质黏土 2（Q_4^{al}）：褐黄色，均匀，硬可塑，层厚 1.90 ~ 2.40 m。

④ 砾砂（Q_4^{al}）：黄色，中密 ~ 密实，饱和，层厚 2.80 ~ 3.40 m。

⑤ 泥质砂岩（K_2）：黄褐色、棕红色，细粒结构，全风化，钻孔揭露厚度 8.10 ~ 9.00 m。

昌图县代表性工程地质剖面图如图 3.2 所示，地层物理力学指标见表 3.2。

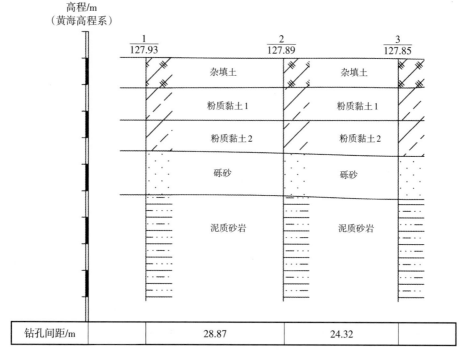

图 3.2　昌图县代表性工程地质剖面图

表 3.2　昌图县地层物理力学指标

地层名称	黏聚力/kPa	内摩擦角/(°)	承载力特征值/kPa	压缩模量（平均值）或变形模量/MPa
粉质黏土1	20~23	17~20	90~110	4.0~5.2
粉质黏土2	23~28	18~22	160~180	4.2~5.2
砾砂	0	18~21	250~350	30~40
泥质砂岩		17~23	350~450	55~65

（2）工程地质特性：昌图县地形地貌由东部低山丘陵向西部辽河平原过渡。县城位于东部，上覆地层为粉质黏土和砂土层，下部为风化岩。对于荷载不大的建筑物可采用浅基础，以粉质黏土层为基础持力层。砂土层较薄，可以作为部分建筑物的桩端持力层。风化岩性质好，承载力高，埋藏较浅，可以作为荷载较大的建筑物的桩端持力层。

昌图县城区的地下水类型主要为上层滞水和承压水。上层滞水主要赋存于填土和粉质黏土层中。局部存在承压水，主要赋存于风化岩上覆的砂土层中。主要接受大气降水、长距离的河流和县城区域八一水库的侧向补给。

3.1.3　西丰县

（1）主要地层：

① 杂填土（Q_4^{ml}）：杂色，主要由黏性土和碎石等组成，松散，层厚为 2.20~3.00 m。

② 圆砾（Q_4^{al+pl}）：黄褐色，中密，饱和，厚度为 1.60~4.40 m。

③ 花岗岩强风化（$Y5^{2\ (3)\ c}$）：黄褐色，岩石较硬，风化强烈，块状构造，原岩结构

不清，节理裂隙较发育，钻孔揭露最大厚度为5.7 m。

西丰县代表性工程地质剖面图如图3.3所示，地层物理力学指标见表3.3。

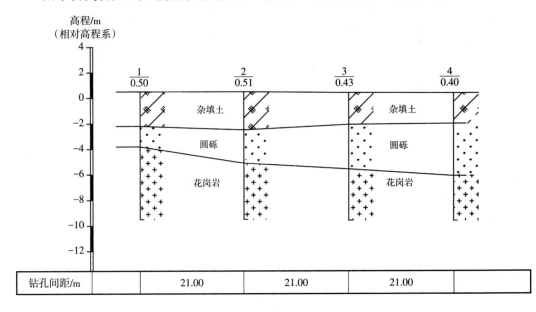

图3.3 西丰县代表性工程地质剖面图

表3.3 西丰县地层物理力学指标

地层名称	承载力特征值/kPa	变形模量/ MPa
圆砾	300 ~ 350	22 ~ 26
花岗岩	450 ~ 550	45 ~ 55

（2）工程地质特性：西丰县地形地貌主要为低山丘陵。县城位于中部，为低山丘陵之间的小型寇河冲积平原。上覆地层为黏性土和碎石土层，黏性土层较薄；下部为风化岩，风化岩埋深较浅。建筑物可以采用浅基础，以碎石土层和风化岩为基础持力层。

西丰县城区的地下水类型主要为孔隙潜水。孔隙潜水主要赋存于碎石土层中，主要接受大气降水和长距离的河流侧向补给。

3.2　辽宁中部平原区工程地质特性

辽宁中部平原区包括沈阳市区及下辖辽中区、康平县、法库县、新民市，辽阳市，鞍山市。

3.2.1　沈阳市主城区

（1）地形地貌特征：沈阳市位于辽河平原中部，东部为辽东丘陵山地，北部为辽北丘陵，地势向西、南逐渐开阔平展，由山前冲洪积过渡为大片冲积平原。地形由北东向南西，两侧向中部倾斜。全市最高海拔高度为447.2 m，在法库县境内；最低处为辽中区于家房的前左家村,海拔5 m。皇姑区、和平区和沈河区的地势略有起伏,高度在41～45 m。

沈阳浑南区多为丘陵山地,沈北新区北部有些丘陵山地,往南逐渐平坦;苏家屯区除南部有些丘陵山地外,大部分地区同于洪区一样,都是冲积平原。新民市、辽中区的大部分地区为辽河、浑河冲积平原,有少许沼泽地和沙丘,新民市北部散存一些丘陵。全市低山丘陵的面积为1020 km²,占全市总面积的12%,山前冲洪积倾斜平原分布于东部山区的西坡。

(2)区域地质:沈阳市东部属于辽东台背斜,西部属于下辽河内陆断陷。两个单元基底均由太古界鞍山群老花岗岩片麻岩、斜长角闪片麻岩组成。古近系分布在城区北部,新近系不整合于前震旦系片麻岩上。第四系不整合覆盖于基岩之上,厚度东薄西厚,北薄南厚。

基底鞍山片麻岩于铁西区西部沈大高速公路附近,埋深190 m,东山嘴基底埋深100 m左右。此外还有三处基底凸起处,即中兴商业大厦、市政协、光明二校,基岩埋深分别为50,60,80 m。

从区域上讲,沈阳地处两个构造单元的衔接地带,郯庐断裂带的主干断裂与两侧分支浑河等断裂构成复杂的交汇区,表现出明显的差异升降运动,并伴随中更新世断裂的发育。特别是经过城区西部的郯庐断裂带是目前一条仍在活动的深大断裂,它制约着两侧地壳的抬升和沉降,在它的分布范围内地壳是不稳定的。

通过城区东南的浑河断裂带虽然也是一条长期活动的深大断裂,但是进入第四纪以来活动已不明显,它与郯庐断裂带在苏家屯区永乐一带相会,并被其折断。两条大断裂向北东各自走向延伸,从而构成一个三角形地块,该地块除有较薄的新近系地层覆盖外,主要由太古代混合花岗岩构成,是处于两大构造活动带之间的刚性地块,在构造运动中具有相对稳定性。

(3)工程地质:沈阳市城区区域工程地质和水文地质条件严格受浑河流域自然地理条件控制。在区域上沈阳市地处高漫滩、新冲洪积扇及老洪积扇3种相叠加的地貌单元之上,沈阳城区新露出的地层主要为第四系冲、洪积松散物,按其岩性依次可划分为3个沉积旋回,每个旋回都是以上细下粗,即上部为颗粒相对较细的砂质黏土、中粗砂,下部为沙砾石(或圆砾)层为其特征,因此,沙砾石(或圆砾)层便成为地质时代划分的重要标志。第四系下更新统(Q1与Q2)仅分布在东部山前地带,组成波状起伏的台地,由冰水堆积的砂混泥砾组成,厚度为0.5～20 m。上覆Q3的砂质黏土、砂土层,不整合接触,其厚度为10～15 m;向中西部该层较发育,以一套砂质黏土、砂、中粗砂、砾砂层组成浑河老扇,地层总厚度为40～50 m,半胶结,其下部零星分布有新近系沙砾岩。浑河新扇由第四系全新统砂土,沙砾石层组成,叠加在老扇之上,由于河流的冲刷切割,呈条带状出露,与全新统的漫滩冲积无明显的界线,据工程地质特性,沈阳城区场地地层特征可划分为波状台地(Ⅰ)、浑河老扇(Ⅱ)、浑河新扇(Ⅲ)、浑河高漫滩及古河道(Ⅳ)和浑河低漫滩(Ⅴ),如图3.4所示。

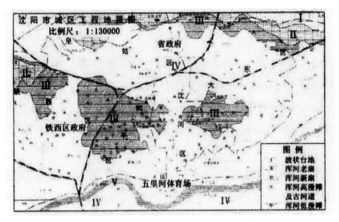

图3.4 沈阳市城区工程地质图

Ⅰ．波状台地：地形标高一般在60 m以上，呈波状台地地貌景观。上部为棕黄色粉质黏土，厚度大于10 m；下部为不稳定的砂土，呈透镜状及薄层状，厚度为1～5 m；其下与Q1～Q2冰碛物呈不整合接触。本区主要分布在城区的东北角，第四系厚度为0.5～20 m，其下伏基岩岩性为前震旦系花岗片麻岩。

Ⅱ．浑河老扇：地形标高在50 m以上，微向前缘倾斜构成浑河老扇地形。上部为枯黄色粉质黏土，厚度一般大于6 m；下部分别由细砂、中砂、粗砂、砾砂组成，厚度较大，其中埋深6～10m粉质黏土中，局部夹有砂类土呈透镜体。第四系厚度为40～50 m，其下伏基岩岩性为新近系沙砾岩。

Ⅲ．浑河新扇：地形标高在45～50 m，由于浑河河道变迁及侵蚀切割作用，现残留的浑河新扇，在北部呈条带状，中部呈孤岛状。与老扇呈明显的侵蚀，陡坎接触，坎高4～8 m，与漫滩界限由于人为破坏，无明显标志。新扇的轴部呈近东西走向，新扇的地层主要由褐黄色粉质黏土组成，厚度为3～6 m，局部夹有灰色、灰黑色粉质黏土。厚度一般在0.5～3.5 m；粉质黏土的下部为不均匀的粉土和砂土层，局部地段见零星分布沼塘相堆积物。西部和北部尚可见到第二层粉质黏土。第四系厚度为39～80 m，下伏基岩为新近系砂砾岩。

Ⅳ．浑河高漫滩及古河道：本区主要沿南北运河两侧分布，大致呈北东—南西走向，且地势逐渐变低，地面标高一般在50～35 m，相对高差10余米。地表岩性主要由黄褐色粉质黏土、粉土和砂土组成，并有新进堆积的黏性土，厚度一般不超过1 m。本区分布不均匀，岩性变化较大，埋深及厚度变化很不稳定。沿古河道及运河两侧零星分布沼塘相，堆积淤泥及淤泥状黏性土。该区的西部和北部，可见到第二层粉质黏土，埋深一般为6～10 m。本区第四系厚度为39～80 m，下伏基岩为新近系砂砾岩。

Ⅴ．浑河低漫滩：现代浑河沿北东—南西走向流经城区南部，本区呈条带状沿浑河分布，宽度为100～500 m。主要堆积有砂土及碎石土，局部有现代风成沙丘。其第四系地层厚度一般在30～40 m，下伏基岩为新近系砂砾岩。

沈阳市代表性工程地质剖面图如图3.5所示，地层物理力学指标见表3.4。

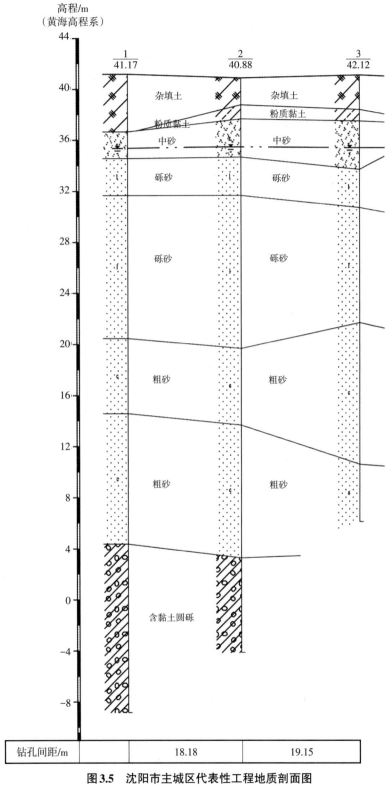

图3.5　沈阳市主城区代表性工程地质剖面图

表3.4　沈阳市主城区地层物理力学指标

地层名称	黏聚力/kPa	内摩擦角/(°)	承载力特征值/kPa	压缩模量（平均值）或变形模量/MPa
粉质黏土	25~32	22~26	120~140	4.0~5.0
中砂	0	32~36	220~270	18~22
粗砂	0	31~37	300~360	35~38
砾砂	0	32~38	380~420	32~36
含黏土圆砾			600~700	52~58

（4）工程地质特性：沈阳市主城区大部分为冲洪积平原，在北侧、东侧、南侧存在部分丘陵、低山，与辽东低山丘陵区相连。

根据大量钻探资料，沈阳地层主要由杂填土、黏性土、砂类土、碎石类土以及第三系泥砾岩和基底混合花岗岩组成。

杂填土结构松散，固结尚未完成，承载力低，工程性质差，一般不适合作为基础持力层。但是在沈阳市局部区域，因为人类活动和工程建设的影响，存在深厚的杂填土，对基础选型和基坑支护存在重大影响。

黏性土、砂类土、碎石类土为第四纪冲积层，在沈阳大部分区域普遍存在，对基础选型存在重大的影响。黏性土承载力一般，可以作为荷载不大的建筑物的持力层。沈阳市砂类土、碎石类土厚度大，性质好，承载力高，是新建高层建筑物普遍的地基持力层或桩端持力层。尤其是在沈阳市城区中心区域，黏性土较薄，新建建筑物普遍存在1层地下室的情况下，新建高层建筑物直接以砂类土、碎石类土为地基持力层的情况比较普遍，同时需注意砂类土和碎石类土中可能存在软弱透镜体夹层，会影响建筑物的基础选型，中心区域往周边区域过渡中，黏性土厚度逐渐增大，新建高层建筑物逐渐采用CFG地基处理或者桩基础的形式，以砂类土、碎石类土为桩端持力层。沈阳市北部区域黏性土层很厚，建筑物采用CFG地基处理或者桩基础的时候，一般以黏性土为桩端持力层，为摩擦型桩。

沈阳市在北侧、东侧、南侧与辽东低山丘陵区相连区域，存在残坡积形成的黏性土，埋深较浅，是建筑物的浅基础主要持力层。但是需注意防水，因为残积形成的黏性土遇水易软化。同时，此区域风化岩埋深较浅，风化岩承载力高、工程性能好，可以作为建筑物的浅基础主要持力层以及大型建筑物的桩端持力层。风化岩向中心城区埋深逐渐变深，在中心城区一般很少以风化岩为桩端持力层，只有市内一些超高的地标型建筑以及特殊建筑会采用风化岩为桩端持力层。

沈阳市市区的地下水类型主要为松散地层的孔隙潜水、上层滞水、基岩裂隙水、承压水四类。孔隙潜水主要赋存于冲洪积的砂土层、碎石土层中，在沈北局部地区赋存于粉质黏土层中，主要接受大气降水和长距离的河流侧向补给，潜水埋深较浅。上层滞水主要赋存于填土和粉质黏土层中。基岩裂隙水主要赋存于岩层的风化裂隙、构造节理中，主要分布北侧、东侧、南侧与辽东低山丘陵区相连区域。承压水主要赋存与砂土层中，主要在沈阳市北侧局部分布。

3.2.2 康平县

（1）主要地层：

① 粉质黏土：黄褐色，可塑状态，一般为中压缩性，层厚1.8~4.2 m。

② 粉土：黄褐色，湿，密实状态，层厚1.8~4.2 m。

③ 中风化片麻岩：黄褐色，黑白相间，层厚1.8~4.2 m。

④ 强风化片麻岩：黄褐色，黑白相间，层厚1.8~4.2 m。

⑤ 全风化片麻岩：黄褐色，黑白相间，层厚1.8~4.2 m。

⑥ 中风化砂岩：灰色，未揭穿。

⑦ 强风化砂岩：紫红色，层厚1.8~4.2 m。

⑧ 全风化砂岩：紫红色，层厚1.8~4.2 m。

康平县代表性工程地质剖面图如图3.6所示，地层物理力学指标见表3.5。

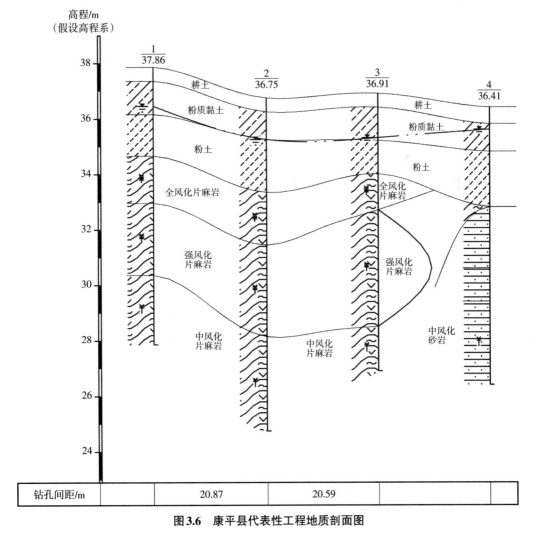

图3.6 康平县代表性工程地质剖面图

表3.5　康平县地层物理力学指标

地层名称	承载力特征值/kPa	压缩模量（平均值）或变形模量MPa
粉质黏土	120 ~ 150	4.0 ~ 5.0
粉土	150 ~ 170	6.0 ~ 6.8
中风化片麻岩	900 ~ 1100	
强风化片麻岩	500 ~ 700	
全风化片麻岩	300 ~ 400	
砂岩	900 ~ 1100	
强风化砂岩	500 ~ 700	
全风化砂岩	300 ~ 400	

（2）康平县工程地质特性：康平县西南为医巫闾山余脉，向东北过渡成冲洪积平原，北部为科尔沁沙地东南缘。总体来说基岩埋深较浅，对于荷载不大的建筑物可采用浅基础，以第四纪的黏性土层为基础持力层。风化岩性质好，承载力高，对于荷载较大建筑以风化岩为地基持力层，在风化岩埋深较深区域，可以风化岩为桩端持力层。

康平县城区的地下水类型主要为松散地层的孔隙潜水、上层滞水。孔隙潜水主要赋存于冲洪积的黏性土、砂土层中，主要接受大气降水和长距离的河流侧向补给。上层滞水主要赋存于填土和粉质黏土层中。

3.2.3　新民市

（1）主要地层：

①粉土：黄褐色，灰褐色，湿 ~ 很湿，中密，层厚0.50 ~ 5.60 m。

②粉细砂：黄褐色，灰色，饱和，稍密，层厚0.20 ~ 4.00 m。

③细砂：黄褐色，饱和，密实，层厚0.50 ~ 3.90 m。

④中砂：黄褐色，局部灰褐色，饱和，密实，未揭穿。

新民市代表性工程地质剖面图如图3.7所示，地层物理力学指标见表3.6。

（2）工程地质特性：新民市城区主要为冲积平原，地势由西北向东南缓慢倾斜。收集钻探的资料所显示地层主要为第四纪冲洪积层，上部主要以粉土、粉细砂为主，下部为细砂、中砂层。粉土性质较差，承载力低，可以作为对荷载和变形要求不太高的轻型建筑物的基础持力层。粉细砂和细砂可以作为荷载不大的一般建筑物的基础持力层。中砂层可以作为荷载较大建筑物的桩端持力层。

新民市城区的地下水类型主要为松散地层的孔隙潜水。孔隙潜水主要赋存于冲洪积的粉土、砂土层中，主要接受大气降水和长距离的河流侧向补给。

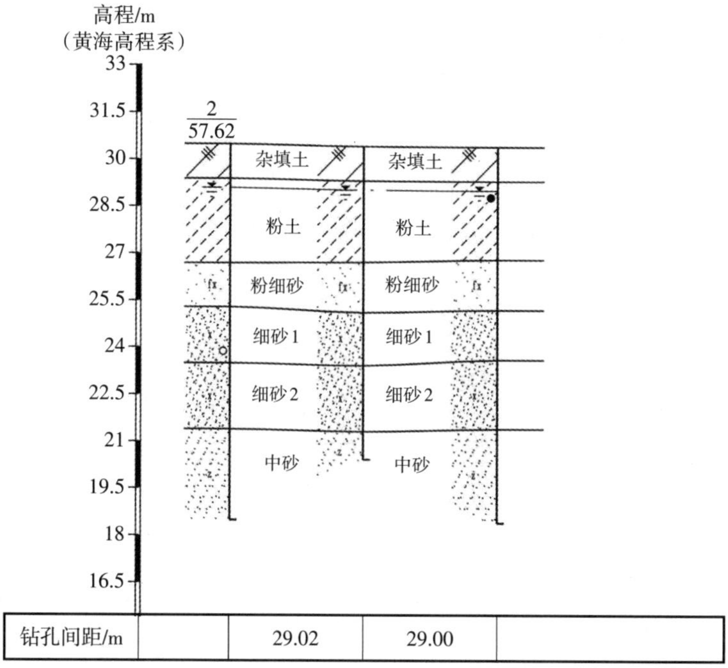

图3.7 新民市代表性工程地质剖面图

表3.6 新民市地层物理力学指标

地层名称	黏聚力/kPa	内摩擦角/(°)	承载力特征值/kPa	压缩模量（平均值）或变形模量/MPa
粉土	9 ~ 12	6.0 ~ 6.8	90 ~ 110	4.0 ~ 4.5
粉细砂	0	20.0 ~ 23.5	140 ~ 160	9.5 ~ 10.5
细砂1	0	22.0 ~ 25.0	180 ~ 200	12.0 ~ 14.0
细砂2	0	23.0 ~ 28.0	230 ~ 250	16.0 ~ 18.0
中砂	0	29	390 ~ 410	22.0 ~ 24.0

3.2.4 法库县

（1）主要地层：

① 粉质黏土1：黄褐色，硬塑 ~ 坚硬，层厚1.0 ~ 3.6 m。

② 粉质黏土2：黄褐色、灰黄色，坚硬，层厚0.5 ~ 3.2 m。

③ 细砂：黄褐色、灰黄色，稍湿，中密，层厚0.8 ~ 4.4 m。

④ 全风化花岗岩：黄褐色，岩芯坚硬程度为极软岩，岩体极破碎，揭露层厚0.3 ~ 2.0 m。

⑤ 强风化花岗岩：灰黄色、黄褐色，软岩，岩体较破碎，未钻穿。

法库县代表性工程地质剖面图如图3.8所示，地层物理力学指标见表3.7。

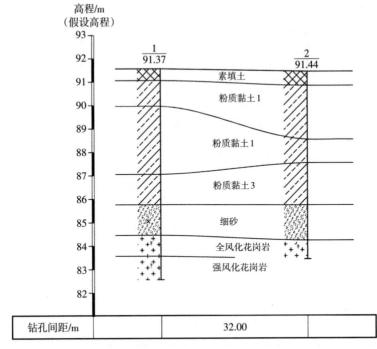

图3.8　法库县代表性工程地质剖面图

表3.7　法库县地层物理力学指标

地层名称	黏聚力/kPa	内摩擦角/(°)	承载力特征值/kPa	压缩模量（平均值）或变形模量/MPa
粉质黏土1	32～38	9～12	170～190	4.0～4.5
粉质黏土2	29～33	9～13	180～200	3.5～4.2
细砂	0	25～28	170～190	17～19
全风化花岗岩			290～310	37～42
强风化花岗岩			480～520	140～160

（2）工程地质特性：法库县丘陵平原相间，西部多丘陵，东部多平原。上覆地层为粉质黏土和砂土层，下部为风化岩。对于荷载不大的建筑物可采用浅基础，以粉质黏土层为基础持力层。风化岩性质好，承载力高，在风化岩埋深较浅区域，建筑物可以风化岩为地基持力层，在风化岩埋深较深区域，可以风化岩为桩端持力层。

法库县城区的地下水类型主要为上层滞水和承压水。上层滞水主要赋存于填土和粉质黏土层中。局部存在承压水，主要赋存于风化岩上覆的砂土层中。

3.2.5　辽中区

（1）主要地层：

①粉质黏土：灰褐色～灰色（局部灰黑色），软可塑，厚度0.50～2.20 m。

② 有机质土：灰色～灰黑色，软塑（局部软可塑），厚度0.30～5.90 m。

③ 细砂1：灰色，稍密，稍湿～饱和，厚度1.30～7.40 m。

④ 细砂2：灰色，中密，饱和，厚度1.20～6.30 m。

⑤ 中砂：灰色，密实，饱和，厚度0.60～6.70 m。

⑥ 细砂3：灰色，密实，饱和，本次勘探深度范围内未穿透该层。

辽中区代表性工程地质剖面图如图3.9所示，地层物理力学指标见表3.8。

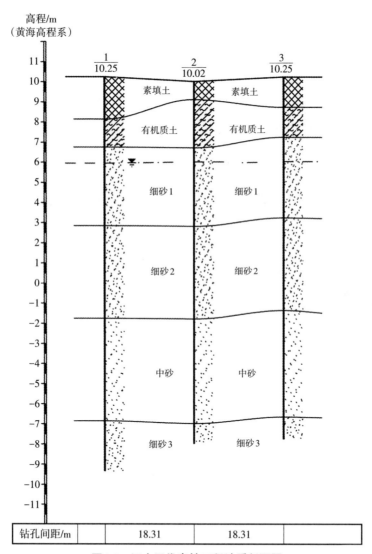

图3.9 辽中区代表性工程地质剖面图

表3.8 辽中区地层物理力学指标

地层名称	黏聚力/kPa	内摩擦角/(°)	承载力特征值/kPa	压缩模量（平均值）或变形模量/MPa
粉质黏土	23～27	13～17	90～110	4.5～5.0
有机质土	13～16	9～16	55～65	3.5～4.5

表3.8（续）

地层名称	黏聚力/kPa	内摩擦角/(°)	承载力特征值/kPa	压缩模量（平均值）或变形模量/MPa
细砂1	0	20～24	120～140	12.5～13.5
细砂2	0	21～26	170～190	21.0～22.5
中砂	0	32～36	320～340	30.0～33.0
细砂3	0	24～28	230～250	22.0～24.0

（2）工程地质特性：辽中区全域主要为冲积平原，地形起伏较小。地层主要为第四纪冲洪积层，上部主要以黏性土为主，下部以砂土为主。黏性土性质较差，承载力低，可以作为对荷载和变形要求不太高的轻型建筑物的基础持力层。埋深较浅的砂土层可以作为荷载不大的一般建筑物的基础持力层。埋深较深的砂土层可以作为荷载较大的建筑物的桩端持力层。

辽中区城区的地下水类型主要为松散地层的孔隙潜水。孔隙潜水主要赋存于冲洪积的砂土层中，主要接受大气降水和长距离的河流侧向补给。

3.2.6 辽阳市

3.2.6.1 地质构造概况

辽阳属华北地层区辽东分区。出露的主要地层比较复杂，由老至新可分为前震旦系、震旦系、寒武系、奥陶系、石炭系、二叠系、侏罗系、第四系8个地层系。第四系地层是辽阳地区分布面积较广的地质现象，西部近下辽河平原区第四系地层以河流冲积相为主，并且极为发育，其厚度由山前向西逐渐加大，山前区平均地层厚度约70 m，至沈（阳）大（连）高速公路一带逐渐加大到近100 m，至浑河边缘其厚度增至300 m左右。辽阳东部山区第四系地层不甚发育，只沿汤河、兰河河谷呈条带状分布。其成因主要有冲积、冲洪积、坡洪积及风积、冰碛等类型。

3.2.6.2 主要区域地质情况

（1）灯塔市。

① 主要地层：

A. 杂填土：由碎砖、石块等建筑垃圾混黏性土等组成，层厚2.80～7.50 m。

B. 粉质黏土1：黄褐色，饱和，呈可塑状态，层厚1.60～3.10 m。

C. 粉质黏土2：灰色，饱和，呈可～软塑状态，层厚6.90～7.40 m。

D. 粉质黏土3：黄褐色，饱和，呈可～硬塑状态，层厚12.00～17.90 m。

灯塔市代表性工程地质剖面图如图3.10所示，地层物理力学指标见表3.9。

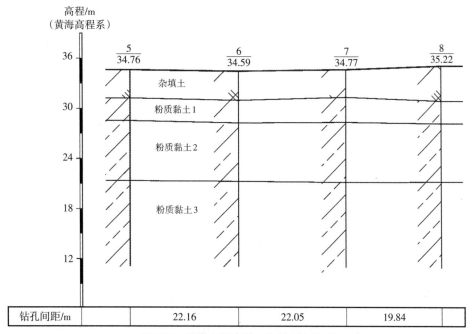

图3.10   灯塔市代表性工程地质剖面图

表3.9   灯塔市地层物理力学指标

地层名称	黏聚力/kPa	内摩擦角/(°)	承载力特征值/kPa	压缩模量或变形模量/MPa
粉质黏土1	15～20	15～20	110～140	5.0～7.0
粉质黏土2	15～24	10～15	110～140	5.0～7.0
粉质黏土3	25～35	20～25	140～180	8.0～10.0

② 地下水情况：场地钻探深度内所见地下水为上层滞水，含水层主要为上覆的杂填土层。由大气降水补给，大气蒸发排泄。水位深度并不均匀，并且受季节性影响，年变幅较大。

地下水对钢筋混凝土有微腐蚀性；长期浸水时对钢筋有微腐蚀性；处于干湿交替环境时对钢筋混凝土中的钢筋有微腐蚀性。根据对土的易溶盐分析结果，该场地内土对混凝土有微腐蚀性；对钢筋混凝土中的钢筋有微腐蚀性。

③ 工程地质特性：

A. 杂填土：土质不均匀，固结程度较差，不宜做建筑物持力层。

B. 粉质黏土1：呈可塑状态，物理力学性质一般，水平及垂直方向变化不大，具有一定承载力，可做天然地基。

C. 粉质黏土2：呈可～软塑状态，物理力学性质较差，水平及垂直方向变化不大，为软弱下卧层。

D. 粉质黏土3：呈可～硬塑状态，物理力学性质一般，水平及垂直方向变化不大，可做桩基础桩端持力层。

大部分场地为冲积平原，地势平坦，地段上覆第四系黏性土层。场地与地基基本稳定，场地除存在软弱土层外，无其他不良地质条件。场地处于同一地貌单元，同属一个工程地质单元，场地工程地质条件无大的变化，故为均匀地基。

抗震设防烈度为7度，设计地震分组为第一组，设计基本地震加速度为0.10g，设计特征周期为0.45 s，属建筑抗震一般地段。

（2）辽阳市主城区（太子河区、文圣区、宏伟区、白塔区、弓长岭区）。

① 主要地层：

A. 杂填土：由碎砖、石块等建筑垃圾混黏性土等组成，层厚0.80～3.50 m。

B. 粉土：黄褐色，湿，中密状态，层厚0.50～4.20 m。

C. 黏土：红褐色，稍湿，可塑状态，层厚0.80～8.30 m。

D. 细砂：黄褐色，稍湿，稍密，层厚0.40～3.40 m。

E. 卵石1：黄褐色，中密状态，层厚0.60～6.10 m。

F. 卵石2：黄褐色，密实状态，层厚5.70～14.30 m。

G. 卵石3：黄褐色，密实状态，混有黏性土。未穿透该层。

H. 残积土：黄褐色，具有可塑性，层厚0.40～7.00 m。

I. 强风化页岩：砖红色页岩。组织结构大部分破坏，有残余结构强度。岩石坚硬程度类别为软岩，岩体完整程度为较破碎，岩体基本质量等级为V级。层厚1.70～5.50 m。

J. 强风化泥灰岩：灰白色～深灰色，与页岩及粉砂岩互层。组织结构大部分破坏，有残余结构强度。岩石坚硬程度类别为较硬岩，岩体完整程度为较破碎，岩体基本质量等级为IV级。层厚0.70～2.10 m。

K. 中风化泥灰岩：灰白色～深灰色，夹页岩及粉砂岩。组织结构部分破坏，岩体被切割成块状，岩石坚硬程度类别为较硬岩，岩体完整度较高，岩体基本质量等级为III级。层厚2.20～5.30 m。未穿透该层。

辽阳市主城区代表性工程地质剖面图如图3.11所示，地层物理力学指示见表3.10。

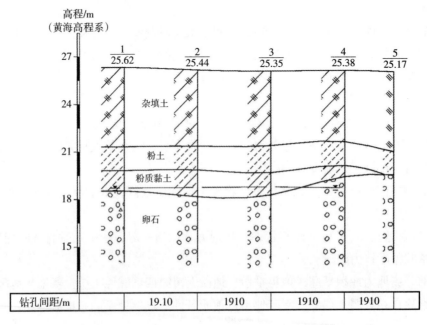

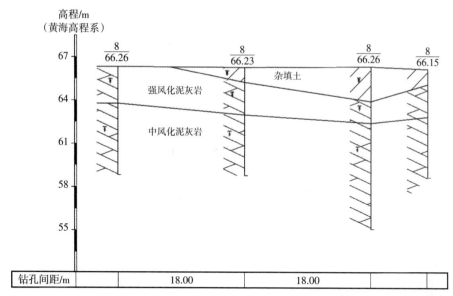

图3.11 辽阳市主城区代表性工程地质剖面图

表3.10 辽阳市主城区地层物理力学指标

地层名称	黏聚力/kPa	内摩擦角/(°)	承载力特征值/kPa	压缩模量或变形模量/MPa
粉土	30.0～35.0	15～20	140～160	6.0～8.0
黏土	40～45	20～25	150～170	10.0～12.0
细砂	0	20～25	150～170	10.0～12.0
卵石1	0	35～40	300～500	35.0～40.0
卵石2	0	35～40	600～800	40.0～45.0
卵石3	0	35～40	500～700	45.0～50.0
残积土			160～180	10.0～15.0
强风化页岩			200～400	30.0～40.0
强风化泥灰岩			300～500	30.0～50.0
中风化泥灰岩			1000～2000	50.0～80.0

② 地下水情况：地下水类型属上层滞水和孔隙潜水，滞水主要赋存于黏性土层中，潜水主要赋存于砂层和卵石层，具有微承压性，水位年变化幅度2.0 m左右。地下水的主要补给来源为大气降水和区域地下水侧向径流补给。

地下水对混凝土结构具有微腐蚀性，对混凝土结构中的钢筋在干湿交替时具有微腐蚀性，长期浸水时具有微腐蚀性。

③ 工程地质特性：

A. 杂填土：土质不均匀，固结程度较差，不宜做建筑物持力层。

B. 粉土：水平及垂直方向变化不大，厚度较均匀，可以作为天然地基基础持力层。

C. 黏土：水平及垂直方向变化不大，厚度较均匀，可以作为天然地基基础持力层。

D. 细砂：水平及垂直方向变化不大，厚度较均匀，可以作为天然地基基础持力层。

E. 卵石1：呈中密状态，属于坚硬土，低压缩性土，可做桩端持力层。

F. 卵石2：呈密实状态，属于坚硬土，低压缩性土，可做桩端持力层。

G. 卵石3：呈密实状态，属于坚硬土，低压缩性土，可做桩端持力层。

H. 残积土：孔隙较大，含水量较高，为高压缩性土，不宜做建筑物持力层。

I. 强风化页岩：埋藏较深，可做桩端持力层。

J. 强风化泥灰岩：与页岩及粉砂岩互层，可做天然地基及桩端持力层。

K. 中风化泥灰岩：夹页岩及粉砂岩，可做天然地基及桩端持力层。

辽阳主城区部，场地建筑类别Ⅱ类，属建筑抗震一般地段。抗震设防烈度7度，设计地震分组为第一组，峰值加速度0.10g，反应谱特征周期0.35 s。勘探20.0 m深度范围内粉土和细砂不液化。

大部分场地环境地质条件简单，无各类具危害性的不良地质作用，场地稳定，场地土无地震液化和震陷问题，岩土工程特性良好，场地的类别属Ⅱ类，属抗震一般地段，场地建设适宜性较好。

部分场地为山前残坡积裙，场地整平后，地势较平坦，地段上覆第四系残坡积层，下伏寒武纪馒头组页岩及泥灰岩。大部分地段为新近回填土，厚度较大，下伏基岩面起伏较大，场地为不均匀性地基，设计时应予注意。场地与地基基本稳定，可以建筑。

（3）辽阳县。

① 主要地层：

A. 杂填土：由碎砖、石块等建筑垃圾混黏性土等组成，层厚0.90～3.50 m。

B. 粉质黏土1：黄褐色，饱和，呈可～软塑状态，层厚8.70～12.90 m。

C. 粉质黏土2：黄褐色，饱和，呈可～塑状态，层厚9.00～12.60 m。

D. 粉细砂：黄褐色～灰褐色，呈松散～稍密状态，层厚5.80～10.70 m。未穿透该层。

辽阳县代表性工程地质剖面图如图3.12所示，地层物理力学指标见表3.11。

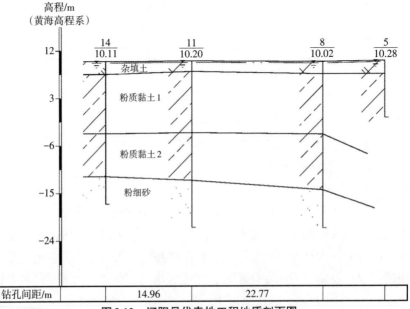

图3.12 辽阳县代表性工程地质剖面图

表3.11　辽阳县地层物理力学指标

地层称	黏聚力/kPa	内摩擦角/(°)	承载力特征值/ kPa	压缩模量或变形模量MPa
粉土	15.0 ~ 20.0	13.0 ~ 17.0	110 ~ 130	6.0 ~ 8.0
黏土	20.0 ~ 25.0	15.0 ~ 20.0	130 ~ 150	6.0 ~ 8.0
粉细砂	0	15.0 ~ 20.0	120 ~ 140	10.0 ~ 12.0

② 地下水情况：地下水上部为上层滞水，下部为孔隙潜水。主要由大气降水渗入补给，蒸发排泄为主。以地下径流方式排泄，地下水位季节性变化明显。该场地内地下水、土对混凝土有微腐蚀性；对钢结构有微腐蚀性；长期浸水时对钢筋混凝土中的钢筋有微腐蚀性；处于干湿交替环境时对钢筋混凝土中的钢筋有微腐蚀性。

③ 工程地质特性：

A. 杂填土：土质不均匀，固结程度较差，不宜做建筑物持力层。

B. 粉质黏土1：呈可塑状态，物理力学性质一般，水平及垂直方向变化不大，具有一定承载力，可做天然地基。

C. 粉质黏土2：呈可塑状态，物理力学性质一般，水平及垂直方向变化不大，具有一定承载力，可做天然地基。

D. 粉细砂：呈松散~稍密状态，物理力学性质一般，水平及垂直方向变化不大，具有一定承载力，可做天然地基。

场地类别为Ⅲ类，无地震液化土层，属可进行建设的一般场地，地震基本烈度为7度。抗震设防烈度为7度，设计地震分组为第二组，设计基本地震加速度为0.10g，设计特征周期为0.55 s，属抗震一般地段。

④ 本区工程地质特性总体特点：辽阳县地势地貌特征是东南高西北低，自东南向西北倾斜。自东南部边界白云山到西北部界河（浑河）畔，地势由高到低，从中山、低山、高丘陵、低丘陵、台地到平原，层次分明，海拔由1000 m以上到50 m以下，依次跌落，构成了东南高、西北低的同向倾斜缓降地势。西部为平原区，大部分建筑场地以较浅地层粉质黏土为主，局部存在黏土。承载力一般，性质一般，一般不适宜做浅基础的持力层。覆盖层较厚，以黏性土为主，下伏砂层，埋藏较深。承载力较好，可做桩端持力层。东南部以属千山山脉延伸部分的支脉为主干，大黑山是辽阳县境内第一高峰，海拔1181 m；最低点是界临海城市、台安县和辽中县的唐马寨和穆家镇。浅部地层即为砂层和岩层。砂层多为细砂、卵石等，多属于坡积成因，分选性差，磨圆度差。见岩层较早，主要岩层为页岩、灰岩，一般风化程度较高。地层起伏较大，水平方向地层连续，垂直方向埋深、厚度变化较大，属于不均匀地基，应考虑不均匀沉降。

地下水在粉质黏土层，多为上层滞水，在砂层多为潜水。主要受大气降水和侧向河流的补给，受季节变化影响较大。建筑时要做好场地排水设施，避免瞬时强降雨等因素造成场地积水，暴雨等产生的临时水位会产生浮力。地下水位受降水影响较小，根据场地水文地质条件，孔隙潜水受相邻太子河水位影响较大，若基坑开挖过程中因季节变化遇水，可考虑采用集水井抽排降水方案。

大部分场地地势平坦开阔，起伏和缓，不存在岩溶、滑坡、泥石流、危岩和崩塌等地质灾害。大部分场地不存在影响建筑场地整体稳定性的不良地质作用，无其他不利埋藏物。不存在影响建筑场地整体稳定性的地质灾害，场地地貌较单一，地层较稳定。若天然地基不满足设计需要，可采用桩基础方案，根据本场地的地层结构和各岩土层的物理力学性质，成桩工艺可采用泥浆护壁冲击成孔灌注桩方案。

3.2.7　鞍山市

鞍山市包括主城区、海城市、台安县、岫岩满族自治县。

3.2.7.1　地质构造概况

在地质构造上，鞍山市位于中朝准地台东北部，处在辽阳本溪凹陷、凤城凸起和辽河断凹等3个四级地质构造单元的交界处，在这里出露的地层主要是太古界的变质岩系和上元古界、古生界的碎屑岩及碳酸盐岩。新构造运动以差异升降运动为主。大体上以长春—大连铁路线为界，东部为低山、丘陵区，西部为平原区，地势自东向西呈阶梯状下降，即从低山、丘陵变为山前倾斜平原和河流冲积平原。第四纪沉积层厚度也相应地由薄变厚，在东部、东南部低山、丘陵区第四系厚0~20 m，西部倾斜平原区厚20~50 m，西北部冲积平原区厚100 m左右。

3.2.7.2　主要区域地质情况

（1）海城市。

① 主要地层：

A. 杂填土：由碎砖、石块等建筑垃圾混黏性土等组成，层厚1.80~4.50 m。

B. 粉质黏土1：暗黄色，软可塑状，层厚1.40~4.10 m。

C. 淤泥质粉质黏土：灰色，饱和，软塑状态，层厚1.00~5.00 m。

D. 粉砂：灰色，饱和，稍密状态，层厚1.80~3.70 m。

E. 粉质黏土2：暗黄色，软可塑状，层厚2.70~4.00 m。

F. 粉质黏土3：灰色~灰褐色，软可塑，饱和，层厚0.40~7.30 m。

G. 粗砂：暗黄色，饱和，中密状态，层厚2.20~4.30 m。

H. 砾砂：暗黄色，饱和，中密状态，层厚1.20~12.80 m。

I. 圆砾：暗黄色，饱和，中密状态，层厚0.10~12.50 m。

J. 强风化大理岩：灰白色，强风化状态，软质岩石，岩石基本质量等级为Ⅴ级，风化强烈，裂隙发育，层厚0.90~3.20 m。

K. 中风化大理岩：白色，中风化状态，岩石基本质量等级为Ⅳ级，风化强烈，裂隙发育，层厚1.00~7.20 m。未穿透该层。

海城市代表性工程地质剖面图如图3.13所示，地层物理力学指标见表3.12。

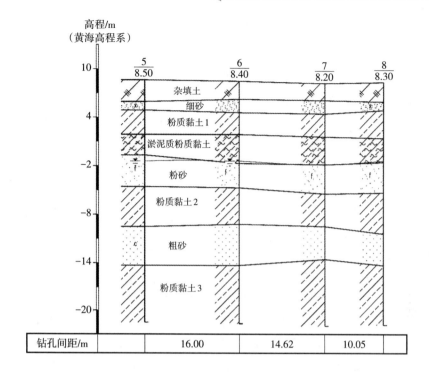

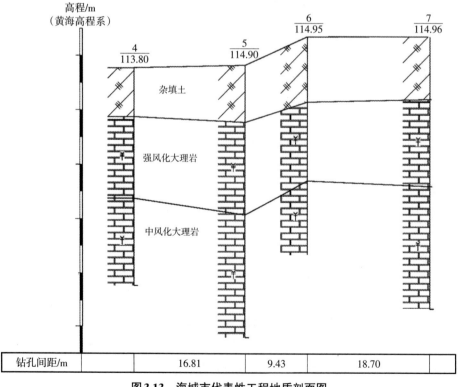

图3.13　海城市代表性工程地质剖面图

表3.12　海城市地层物理力学指标

地层名称	黏聚力/kPa	内摩擦角/(°)	承载力特征值/kPa	压缩模量或变形模量/MPa
粉质黏土1	30～33	17～19	120～140	5.5～6.3
淤泥质粉质黏土	10.0～12.0	5.0～7.0	90～120	3.0～5.0
粉砂	0	5.0～8.0	130～150	10.0～15.0
粉质黏土2	22.0～25.0	15.0～20.0	120～140	6.0～8.0
粉质黏土3	30.0～35.0	15.0～20.0	130～150	5.0～7.0
粗砂	40.0～45.0	20.0～25.0	150～250	14.0～16.0
砾砂	40.0～45.0	30.0～35.0	230～270	18.0～20.0
圆砾	50.0～55.0	30.0～35.0	350～400	35.0～40.0
强风化大理岩			400～600	30.0～50.0
中风化大理岩			1000～2000	50.0～80.0

② 地下水情况：地下水类型主要为上层滞水和潜水，水量大小随季节变化而变化。主要受大气降水、地表水下渗、侧向径流补给，地下侧向径流及蒸发排泄。稳定水位随季节及地形起伏变化明显。深度为地表下0.5～7.3 m不等。

环境水对场地混凝土结构的腐蚀性评价标准判定：环境类型划为Ⅱ类，按地层渗透性应属B类。该场地地下水对混凝土结构具有微腐蚀性，对混凝土结构中的钢筋在干湿交替时具有微腐蚀性，长期浸水时具有微腐蚀性。

③ 工程地质特性：

A. 杂填土：土质不均匀，固结程度较差，不宜做建筑物持力层。

B. 粉质黏土1：呈软可塑状态，物理力学性质一般，水平及垂直方向变化不大，厚度均匀。

C. 淤泥质粉质黏土：呈软塑状态，物理力学性质一般，水平及垂直方向变化不大，厚度均匀。

D. 粉砂：呈稍密状态，物理力学性质一般，水平及垂直方向变化不大，厚度均匀。

E. 粉质黏土2：呈软可塑状态，物理力学性质一般，水平及垂直方向变化不大，厚度均匀。

F. 粗砂：呈中密状态，物理力学性质一般，水平及垂直方向变化不大，厚度较均匀。

G. 粉质黏土3：呈软可塑状态，物理力学性质一般，水平及垂直方向变化不大，厚度均匀。

H. 砾砂：物理力学性质好，该层厚度较均匀，层顶起伏较小，稳定。

I. 圆砾：物理力学性质好，该层厚度较均匀，层顶起伏较小，稳定。

G. 强风化大理岩：强风化状态，勘察深度范围内未见岩溶，根据工程经验，周边范围内岩溶不发育。当承载力、变形满足要求时，可作为天然地基持力层，该层属于特殊性岩土，如采用该层为基础持力层时应做好截排水且避免在雨季施工，开挖后应尽快浇筑混凝土，防止其进一步风化。

K. 中风化大理岩：强风化状态，勘察深度范围内未见岩溶，根据工程经验，周边范围内岩溶不发育。当承载力、变形满足要求时，可作为天然地基持力层。

地表大多为填土，含较多杂质，未完成初步固结，沉降不均匀，属于特殊性岩土，该层具有沉降大、沉降不均匀等特性，易对建筑物造成开裂、倾斜等不利影响。不可作为基础持力层，建议挖除。

地内除填土及淤泥质粉质黏土层外，当承载力、变形满足要求时，各地层均可做天然地基。地基主要受力层范围内发现软弱下卧层，设计时应考虑下卧层对上部结构的影响，必要时需进行软弱下卧层验算。

本场地的抗震设防烈度为8度，设计基本地震加速度值0.20g，设计地震分组为第二组，特征周期0.55 s，场地位置属于对抗震一般地段。在局部地区存在砂土液化现象，实际工作中应根据现场测试结果进行判别。

（2）台安县。

① 主要地层：

A. 杂填土：由碎砖、石块等建筑垃圾混黏性土等组成，层厚0.50～2.30 m。

B. 粉质黏土：黄褐色，软可塑，很湿，层厚0.80～2.20 m。

C. 粉砂：黄褐色，稍密，饱和，层厚3.90～5.50 m。

D. 细砂1：黄褐色，饱和，稍密状态，层厚4.00～4.70 m。

E. 细砂2：黄褐色，饱和，中密状态，层厚3.00～8.30 m。未穿透该层。

台安县代表性工程地质剖面图如图3.14所示，地层物理力学指标见表3.13。

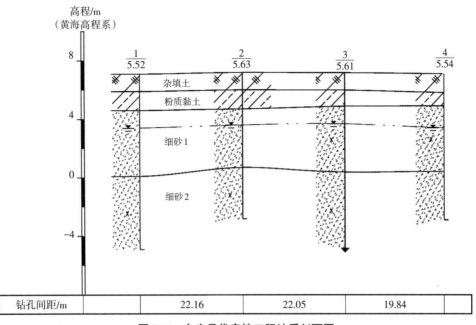

图3.14 台安县代表性工程地质剖面图

表3.13　台安县地层物理力学指标

地层名称	黏聚力/kPa	内摩擦角/(°)	承载力特征值/kPa	压缩模量或变形模量/MPa
粉质黏土	15.0～20.0	10.0～15.0	130～140	3.0～5.0
粉砂	0	15.0～20.0	140～160	8.0～10.0
细砂1	0	20.0～25.0	140～160	10.0～15.0
细砂2	0	20.0～25.0	160～180	10.0～15.0

② 地下水情况：地下水属潜水类型，受大气降水、地表水的下渗及周边管网补给，以蒸发、地下径流为主要排泄方式。深度为地表下3.5～3.9 m不等。

环境水对场地混凝土结构的腐蚀性评价标准判定：环境类型划为Ⅱ类，按地层渗透性应属A类。该场地地下水对混凝土结构具有微腐蚀性，对混凝土结构中的钢筋在干湿交替时具有微腐蚀性，长期浸水时具有微腐蚀性。

③ 工程地质特性：

A. 杂填土：土质不均匀，固结程度较差，不宜做建筑物持力层。

B. 粉质黏土：呈软可塑状态，中等压缩性，物理力学性质一般，水平及垂直方向变化不大，厚度较均匀。可以作为天然地基基础持力层。

C. 粉砂：呈稍密状态，物理力学性质较好，水平及垂直方向变化不大，厚度较均匀，可以作为天然地基基础持力层。

D. 细砂1：呈稍密状态，物理力学性质较好，水平及垂直方向变化不大，厚度较均匀，可以作为天然地基基础持力层。

E. 细砂2：呈中密状态，物理力学性质较好，水平及垂直方向变化不大，厚度较均匀，可以作为天然地基基础持力层，但埋深较深。

当承载力、变形满足要求时，从地层结构、地基承载力及变形指标综合分析，场地建筑物均可采用天然地基方案，基础形式建议采用独立基础或筏板基础，可以粉质黏土做基础持力层。如满足不了设计要求建议采用地基处理方案，可采用CFG桩土复合地基，以细砂作为桩端持力层。

台安县大部分场地地势平坦开阔，起伏和缓，不存在岩溶、滑坡、泥石流、危岩和崩塌等地质灾害。地貌类型单一，以第四系全新统冲积层粉质黏土、粉砂、细砂为主，根据液化判别结果，粉、细砂地层不液化。

场地的抗震设防烈度为7度，设计基本地震加速度值0.10g，设计地震分组为第一组，特征周期0.45 s。场地位置属于对抗震一般地段。在浅层深度内，未发现不良地质作用。主要地层厚度较均匀，层顶起伏较小，性质稳定。属于稳定场地，适宜工程建设。

（3）岫岩满族自治县。

① 主要地层：

A. 杂填土：由碎砖、石块等建筑垃圾混黏性土等组成，层厚0.60～3.70 m。

B. 中砂：黄色，稍湿～饱和，稍密状态，层厚0.40～2.50 m。

C. 圆砾：土黄色，稍湿～饱和，稍密状态，层厚0.70～3.60 m。

D. 卵石：暗黄色，稍湿～饱和，稍密状态，层厚0.30～5.30 m。

E. 强风化花岗岩：黄褐色，结构大部分破坏，节理裂隙很发育，岩芯呈碎块状。岩石质量指标RQD＝25～50，差的，属软岩。岩体基本质量等级为 V 级，层厚1.10～6.60 m。

F. 中风化花岗岩：灰白色，中粒结构，块状构造。结构部分破坏，沿节理面有次生矿物，风化裂隙发育，岩体被切割成岩块，岩芯呈短柱状。岩石质量指标RQD 为50～75，较差的，属较软岩。岩体基本质量等级为 Ⅳ 级，层厚1.40～3.10 m。

G. 微风化花岗岩：灰白色，中粒结构，块状构造。结构基本未变，有少量风化裂隙，岩芯呈长柱状。岩石质量指标RQD 为75～90，较好的，属较硬岩。岩体基本质量等级为 Ⅲ 级，厚度1.50～7.60 m。未穿透该层。

岫岩满族自治县代表性工程地质剖面图如图3.15所示，地层物理力学指标见表3.14。

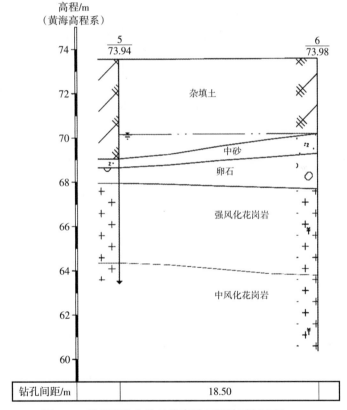

图3.15　岫岩满族自治县代表性工程地质剖面图

表3.14　岫岩满族自治县地层物理力学指标

地层名称	黏聚力/kPa	内摩擦角/(°)	承载力特征值/kPa	压缩模量或变形模量MPa
中砂	0	30.0～35.0	180～200	14.0～16.0
圆砾	0	40.0～45.0	200～250	14.0～16.0
卵石	0	45.0～50.0	350～400	25.0～30.0

表3.14（续）

地层名称	黏聚力/kPa	内摩擦角(°)	承载力特征值/kPa	压缩模量或变形模量MPa
强风化花岗岩			500~800	30.0~50.0
中风化花岗岩			1000~2000	50.0~80.0
微风化花岗岩			2000~4000	80.0~120.0

② 地下水情况：地下水属于潜水，赋存在杂填土、中砂、圆砾层及卵石层中，主要受大气降水及岫岩大洋河水补给，水量较大。地下水受大气降水、地表水的下渗及周边管网补给，以蒸发、地下径流为主要排泄方式。水位高低及水量大小随季节变化而变化，年变化幅度在1.5 m左右。抗浮水位按自然地表考虑。

环境水对场地混凝土结构的腐蚀性评价标准判定：环境类型划为Ⅱ类，按地层渗透性应属A类。该场地地下水对混凝土结构具有微腐蚀性，对混凝土结构中的钢筋在干湿交替时具有微腐蚀性，长期浸水时具有微腐蚀性。

③ 工程地质特性：

A. 杂填土：土质不均匀，固结程度较差，不宜做建筑物持力层。

B. 中砂：稍密，水平方向分布不均，垂直方向埋深厚度不均匀，必须清除。不可做建筑的天然地基。

C. 圆砾：稍密，水平方向地层不连续，垂直方向埋深、厚度不均匀，属于中硬土，低压缩性。不可选做建筑的天然地基。

D. 卵石：稍密，水平方向地层连续，垂直方向埋深、厚度均匀，属于中硬土。当承载力、变形满足要求时，可选做建筑的天然地基。

E. 强风化花岗岩：水平方向地层连续，垂直方向埋深、厚度变化较大，岩体破碎~较破碎，属于软岩，岩体基本质量等级为Ⅴ级，可选做建筑的天然地基。

F. 中风化花岗岩：水平方向地层连续，垂直方向埋深、厚度变化较大，岩体较破碎，属于较软岩~较硬岩，岩体基本质量等级为Ⅳ级，可选做建筑的天然地基。

G. 微风化花岗岩：水平方向地层连续，垂直方向埋深、厚度变化较大，岩体呈块状，属于较硬岩，岩体基本质量等级为Ⅲ级，可选做建筑的天然地基。

岫岩满族自治县大部分场地及附近无活动断裂，未发现滑坡、泥石流、危岩及崩塌等不良地质作用。无地震液化地层。场地的抗震设防烈度为7度，设计基本地震加速度值0.10g，设计地震分组为第二组，特征周期0.40 s。属于对抗震一般地段。

部分地区地势起伏较大，地层厚度变化较大，地层坡度大于10%，岩面有起伏。属于不均匀地基，应考虑不均匀沉降。强风化花岗岩遇水软化，承载力明显下降，基底挖至设计标高经有关人员检验合格后，立即砌筑。

（4）鞍山市主城区（铁西区、立山区、铁东区、千山区）。

① 主要地层：

A. 杂填土：由碎砖、石块等建筑垃圾混黏性土等组成，层厚1.20~2.50 m。

B. 粉质黏土1：黄褐色~灰褐色，软可塑，湿，层厚0.70~6.00 m。

C. 中砂：黄褐色，松散，很湿，层厚0.80～2.50 m。

D. 粉质黏土2：灰色，软可塑，很湿，层厚1.10～2.20 m。

E. 粉质黏土3：黄褐色，硬可塑，饱和，层厚2.00～7.90 m。

F. 粗砂：灰褐色～黄褐色，湿，稍密，厚度0.30～5.20 m。

G. 砾砂：黄褐色～灰褐色，饱和，中密，厚度0.50～14.10 m。

H. 圆砾：黄褐色～灰褐色，饱和，密实，层厚0.80～13.30 m。

I. 粗粒混合土：黄褐色，饱和，密实，层厚1.10～22.50 m。

J. 全风化混合花岗岩：灰黄色，结构构造已破坏，风化物呈砂土状，手捻即碎，层厚0.50～5.90 m。

K. 强风化混合花岗岩：浅黄色、黄褐色，中粗粒结构，块状构造，节理裂隙很发育。岩体极破碎～破碎，属软岩，岩体基本质量等级Ⅴ级，层厚0.90～7.00 m。

L. 中风化混合花岗岩：灰黄色～黄褐色，中粗粒结构，块状构造，节理裂隙发育。岩体破碎，属较软岩。岩体基本质量等级Ⅳ级。未穿透该层。

鞍山市主城区代表性工程地质剖面图如图3.16所示，地层物理力学指标见表3.15。

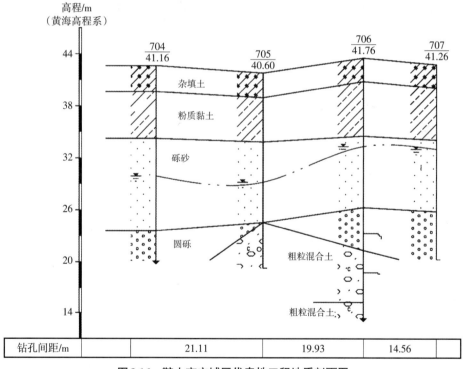

图3.16　鞍山市主城区代表性工程地质剖面图

表3.15　鞍山市主城区物理力学指标

地层名称	黏聚力/kPa	内摩擦角/(°)	承载力特征值/kPa	压缩模量或变形模量/MPa
粉质黏土1	19.0～21.0	8.0～10.0	110～130	3.0～5.0
中砂	0	15.0～20.0	170～200	6.0～8.0
粉质黏土2	14.0～16.0	15.0～20.0	160～180	6.0～8.0

表3.15（续）

地层名称	黏聚力/kPa	内摩擦角/(°)	承载力特征值/kPa	压缩模量或变形模量/MPa
粉质黏土3	28.0~30.0	10.0~15.0	180~200	6.0~8.0
粗砂	0	15.0~20.0	150~170	10.0~15.0
砾砂	0	20.0~25.0	300~400	15.0~20.0
圆砾	0	25.0~30.0	350~450	20.0~25.0
粗粒混合土		30.0~35.0	220~250	7.0~9.0
全风化混合花岗岩			220~250	15.0~20.0
强风化混合花岗岩			500~800	30.0~50.0
中风化混合花岗岩			1000~2000	50.0~80.0

② 地下水情况：地下水属上层滞水和潜水类型。上层滞水赋存于粉质黏土层中，潜水赋存于砾砂、圆砾层中，水位水量随季节变化明显，地下水位受季节降水量控制，年变化幅度在1.0 m左右。地下水受大气降水、地表水的下渗及周边管网补给，以蒸发、地下径流为主要排泄方式。

环境类型划为Ⅱ类，按地层渗透性应属B类。该场地地下水对混凝土结构具有微腐蚀性，对混凝土结构中的钢筋在干湿交替时具有微腐蚀性，长期浸水时具有微腐蚀性。

③ 工程地质特性：

A. 杂填土：土质不均匀，固结程度较差，不宜做建筑物持力层。

B. 粉质黏土1：呈软可塑状态，中等压缩性，物理力学性质一般，水平及垂直方向变化不大，厚度较均匀，可以作为天然地基基础持力层。

C. 中砂：呈稍密状态，物理力学性质较好，水平及垂直方向变化不大，厚度较均匀，可以作为天然地基基础持力层，但埋深较深。

D. 粉质黏土2：呈硬可塑状态，中等压缩性，物理力学性质一般，水平及垂直方向变化不大，厚度较均匀，可以作为天然地基基础持力层，但埋深较深。

E. 粉质黏土3：呈硬可塑状态，中等压缩性，物理力学性质一般，水平及垂直方向变化不大，厚度较均匀，可以作为天然地基基础持力层，但埋深较深。

F. 粗砂：以稍密为主，局部中密，属于中软土，中低压缩性土，可做商业等荷载较小建筑的天然地基。

G. 砾砂：中密为主，局部密实，属于中硬土，低压缩性土，可做天然地基。

H. 圆砾：密实，属于坚硬土，低压缩性土，可做桩端持力层。

I. 粗粒混合土：密实，属于坚硬土，低压缩性土，可做桩端持力层。

G. 全风化混合花岗岩：风化物呈砂状，属于中硬土，低压缩性土，不适宜做桩端持力层。

K. 强风化混合花岗岩：岩体极破碎~破碎，属于软岩，岩体基本质量等级Ⅴ级，可做桩端持力层。

L. 中风化混合花岗岩：岩体破碎，属于较软岩，局部较硬岩，岩体基本质量等级Ⅳ级，为较好的桩端持力层。

场地的抗震设防烈度为7度，设计基本地震加速度值0.10g，设计地震分组为第二组。场地位置属于抗震一般地段。

地层结构较复杂，场地砂层不液化。勘察范围内未发现不良地质作用发育，场地内无全新活动断裂，未发现埋藏的河道、沟浜、墓穴、防空洞、孤石等对工程不利的埋藏物。场地土层分布不均匀，在载荷均匀的情况下易产生不均匀沉降，设计和施工过程中应采取有效措施（如增加基础刚度等）防止建筑产生不均匀沉降。下伏基岩埋深变化较大，基岩顶面坡度最大达到15%，属土岩不均匀地基，故场地地基土均匀性较差。

③ 工程地质特性总体特点：鞍山市地势地貌特征是东南高西北低，自东南向西北倾斜。西部为平原区，大部分建筑场地以较浅地层粉质黏土为主，局部存在黏土。承载力一般，性质一般，一般不适宜做浅基础的持力层。下伏砂层，分选性较好，细砂、中砂、粗砂、砾砂、圆砾均有。承载力较好，性质较好，适宜做基础的持力层或桩端的持力层。较深部为岩层，主要为大理岩和花岗岩。周边范围内岩溶不发育。厚度较均匀，层顶起伏较小，性质稳定，承载力高，是好的桩端持力层，适宜建筑。东南部属千山山脉延伸部分的山区，浅部地层即为砂层和岩层。砂层多为砾砂、圆砾、卵石等，多属于坡积成因造成，分选性差，磨圆度差。见岩层较早，主要岩层为花岗岩，一般风化程度较高。地层起伏较大，水平方向地层连续，垂直方向埋深、厚度变化较大，属于不均匀地基，应考虑不均匀沉降。

地下水在粉质黏土层，多为上层滞水，在砂层多为潜水。主要受大气降水和侧向河流的补给，受季节变化影响较大。建筑时要做好场地排水设施，避免瞬时强降雨等因素造成场地积水，暴雨等产生的临时水位会产生浮力。

大部分场地地势平坦开阔，起伏和缓，不存在岩溶、滑坡、泥石流、危岩和崩塌等地质灾害。大部分场地不存在影响建筑场地整体稳定性的不良地质作用，无其他不利埋藏物。不存在影响建筑场地整体稳定性的地质灾害，场地地貌较单一，地层较稳定。

3.3 辽宁西部丘陵区工程地质特性

辽宁西部丘陵区包括阜新市、朝阳市、葫芦岛市、锦州市。

3.3.1 阜新市

阜新市包括主城区、阜新蒙古族自治县、彰武县。

阜新市地貌形态是西北高、东南低，其间有细河盆地和柳河平原。境内主要河流有绕阳河、柳河、养息牧河、细河、牤牛河等。阜新地区丘陵山地分布较广，占总面积的58%，风沙地占19%，平原地占23%。境内主要山脉有乌兰木图山、骆驼山、大青山、青龙山、海棠山和伊吗图山等。

（1）阜新市区：阜新市主城区主要由海州区、细河区、太平区、新邱区、清河门区组成。以阜新市中部为例，典型工程地质和水文地质特征如下。

阜新市中部主要地层由上而下依次为以下几种。

① 杂填土：杂色，以黏性土和碎砖、碎石为主，结构松散，稍湿。

② 粉土：黄色，湿至很湿，松散至中密。包含的透镜体：粉质黏土，褐色，含饱和，软可塑；粉砂，黄褐色，稍密，湿。

③ 细砂：黄色，饱和，稍密至中密，级配不均，冲积成因。部分区域相变为粉砂，局部含有不规则分布的粉土薄夹层。包含的透镜体：粉土，灰黑色，湿，中密。

④ 砾砂：黄色，饱和，中密，级配不均，冲积成因。主要矿物成分为长石及石英，该层局部含有不规则分布的稍密状态中粗砂薄夹层。

⑤ 全风化砂页岩：灰色～黄灰色，页岩主要成分为黏土矿物；砂岩主要成分为石英、长石。已完全风化成土状。结构基本破坏，但尚可辨认，有残余结构强度。

⑥ 强风化砂页岩：黄绿色、灰黑色，层面有一定起伏，砂页岩呈不规则互层状分布，表层风化强烈，呈硬塑黏土状，岩体节理裂隙发育，内含黏性土充填物。

⑦ 中风化砂页岩：灰黑色，结构部分破坏，风化裂隙发育，岩体被切割成岩块，用镐难挖，岩芯钻方可钻进。

阜新市区代表性工程地质剖面图如图3.17所示，地层物理力学指标见表3.16。

此区域地下水类型主要为潜水，主要含水层为粉土、砂土层，受大气降水及地下径流的补给。水位埋深一般在地面下1~4m。局部区域砂土层缺失区域，存在上层滞水和基岩裂隙水，水位埋深一般在地面下1~2m。水位随季节变化明显，变化幅度在1~2m。

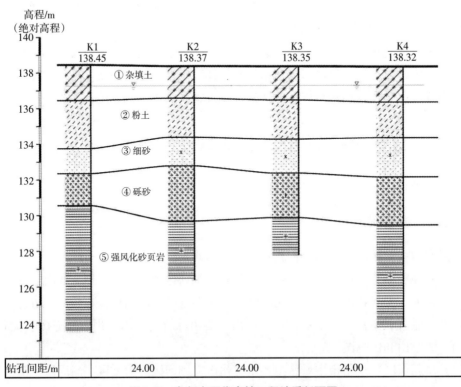

图3.17　阜新市区代表性工程地质剖面图

表3.16　阜新市区地层物理力学指标

地层名称	黏聚力/kPa	内摩擦角/(°)	承载力特征值/kPa	压缩模量或变形模量/MPa
粉土（粉质黏土）	20~30	10~17	100~160	4.5~6.5
细砂		20~30	140~180	12.0~15.0
砾砂		25~35	200~400	15.0~30.0
全风化砂页岩	20~25	15~20	200~300	15.0~30.0
强风化砂页岩	25~30	20~25	300~400	30.0~50.0
中风化砂页岩	35~40	30~35	600~1000	50.0~80.0

阜新市主城区整体的浅层工程地质特征主要是从东西两侧的低山丘陵区的基岩浅埋区域向中部逐渐过渡成河流冲积平原区。

阜新市区的基岩层主要以砂页岩为主。在基岩上覆盖的地层主要为填土层、第四纪冲积层、残坡积层。

填土层由素填土和杂填土组成，其分布受人类活动影响大，厚度较薄，承载力低，工程性质差，在工程建设中一般属于挖除层。对建筑基础的选型和基坑支护的选型影响都较小。在局部较厚区域，对建筑基础的选型和基坑支护的选型影响都较大。

第四纪冲积层在城区中部大部分存在，主要为粉土（局部粉质黏土）、砂层，局部砂层缺失。该层是建筑基础的主要接触层，其性质对基础的选型具有决定性作用。

风化岩主要为砂页岩。埋深从东西两侧山区向中部平原逐渐加深。风化岩承载力高、工程性能好，对建筑物基础的选型影响较大。从整个阜新市市区的分布来看，埋深由浅到深，埋深较浅区域可直接作为建筑物的浅基础主要持力层，在中部区域，基岩埋深也不是特别深，此区域可以作为建筑物的桩基础持力层。

阜新市市区的地下水类型主要为松散地层的孔隙潜水、上层滞水、基岩裂隙水三类。松散地层孔隙水主要赋存于冲洪积的粉土、砂层中，主要接受大气降水和长距离的河流侧向补给，潜水埋深较浅。上层滞水主要赋存于填土和粉质黏土层中。基岩裂隙水主要赋存于岩层的风化裂隙、构造节理中，主要分布在基岩浅埋区。

（2）阜新蒙古族自治县：阜新蒙古族自治县县城主要地层由上而下依次为以下几种。

①杂填土：杂色，以黏性土和碎砖、碎石为主，结构松散，稍湿。

②粉土（含细砂）：黄色，湿至很湿，松散至中密。

③砾砂：黄色，饱和，中密，级配不均，冲积成因。包含的亚层和透镜体：中砂，黄色，饱和，中密。

④强风化砂页岩：黄绿色、灰黑色，层面有一定起伏，砂页岩呈不规则互层状分布，表层风化强烈，呈硬塑黏土状，岩体节理裂隙发育，内含黏性土充填物。

⑤中风化砂页岩：灰黑色，结构部分破坏，风化裂隙发育，岩体被切割成岩块，用镐难挖，岩芯钻方可钻进。

阜新蒙古族自治县代表性工程地质剖面图如图3.18所示，地层物理力学指标见表3.17。

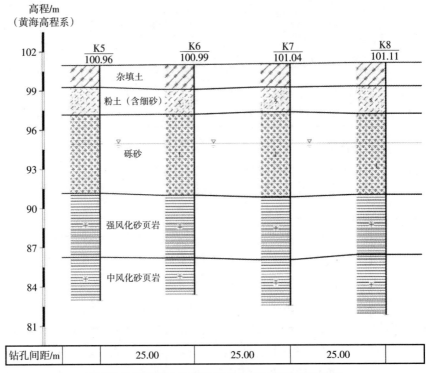

图3.18 阜新蒙古族自治县代表性工程地质剖面图

表3.17 阜新蒙古族自治县地层物理力学指标

地层名称	黏聚力/kPa	内摩擦角/(°)	承载力特征值/kPa	压缩模量或变形模量/MPa
粉土	15~25	15~20	120~180	4.5~6.5
砾砂	0	25~35	200~400	15.0~30.0
强风化砂页岩	25~30	20~25	300~400	30.0~50.0
中风化砂页岩	35~40	30~35	600~1000	50.0~80.0

此区域地下水类型主要为潜水，主要含水层为粉土、砂土层，受大气降水及地下径流的补给。水位埋深一般在地面下3~6 m。水位随季节变化明显，变化幅度为1~2 m。

阜新蒙古族自治县县城与阜新市区紧邻，其工程地质特征与阜新市区基本一致。

（3）彰武县：彰武县地貌特征是东西两侧为堆积剥蚀低山丘陵。北部由风积沙组成沙丘、沙垄。沙丘多为固定沙丘，沙丘之间为狭长的河谷冲积平原和洪积平原，呈北西至东南方向分布，地势比较平坦，是松辽平原的一部分。全县地形是东低山，西丘陵，北沙荒，中南平洼。

彰武县主要地层由上而下依次为以下几种。

①杂填土：杂色，以黏性土和碎砖、碎石为主，结构松散，稍湿。

②粉土：黄褐色~灰黄色，湿，密实状态，局部含粉质黏土及粉砂。包含的亚层

和透镜体：弱泥炭质土，灰黄色~灰黑色，饱和，软塑~流塑状态，含有机质。

③细砂：黄褐色，稍湿，中密状态。包含的透镜体和亚层：粉砂，黄褐色~灰黑色，稍湿，中密状态为主，局部含粉土。

彰武县代表性工程地质剖面图如图3.19所示，地层物理力学指标见表3.18。

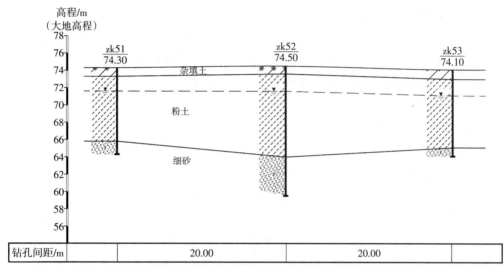

图3.19 彰武县代表性工程地质剖面图

表3.18 彰武县地层物理力学指标

地层名称	黏聚力/kPa	内摩擦角/(°)	承载力特征值/kPa	压缩模量或变形模量/MPa
粉土	10~15	15~20	120~190	5.5~9.0
细砂	0	20~30	150~200	12.0~15.0

此区域地下水类型主要为潜水，主要含水层为粉土、砂土层，受大气降水及地下径流的补给。水位埋深一般在地面下2~4 m。水位随季节变化明显，变化幅度为1~2 m。

彰武县工程地质特征与阜新市比较相像。

3.3.2 朝阳市

朝阳市包括朝阳主城区、北票市、朝阳县、建平县、凌源市、喀喇沁左翼蒙古族自治县。

朝阳市处于内蒙古高原向沿海平原过渡的阶梯分界地带，属于山地丘陵区。朝阳市以低山、丘陵为主要地形特征，地势为北及北西、西南偏高，向东变低，形如一个向东开口的簸箕。根据地貌成因及其形态特征，朝阳市可划分为中西部环形低山区、东部低山丘陵区、河流冲积平原、山间盆地4个地形单元。朝阳市境内，松岭山、努鲁儿虎山两大山脉呈东北—西南走向贯穿全境，其间夹有冲积平原和山间盆地。

（1）朝阳市区：朝阳主城区主要由双塔区、龙城区组成。以朝阳市东部（大凌河附近）为例，典型工程地质和水文地质特征如下。

朝阳市东北部主要地层由上而下依次为以下几种。

① 杂填土：杂色，稍湿，结构松散，主要由碎石、岩块、岩屑及少量黏性土组成，部分地段有砖块等建筑垃圾。

② 粉土：在场地内大部分布，湿，浅黄褐色，稍密状态，高压缩性。此层粉土存在湿陷性，大部分湿陷性黄土地基的湿陷等级为Ⅰ级（轻微）。

③ 细砂：稍湿，黄褐色，中密状态，颗粒级配较差。

④ 砾砂：稍湿，黄褐色，中密状态，颗粒形状以次棱角状为主，颗粒级配一般。包含的亚层和透镜体：粗砂，稍湿，黄褐色，稍密状态，颗粒级配较差；淤泥质土，灰褐色~黑褐色，软塑~流塑状态，微具臭味，高压缩性。

⑤ 强风化砂页岩：灰褐色，强风化，碎屑结构，层理状构造，岩石坚硬程度为极软岩，岩芯呈碎块状、块状。

⑥ 中风化砂页岩：灰褐色，中风化，碎屑结构，层理状构造，节理裂隙一般发育，岩芯呈短柱状。

朝阳市东北部代表性工程地质剖面图如图 3.20 所示，地层物理力学指标见表 3.19。

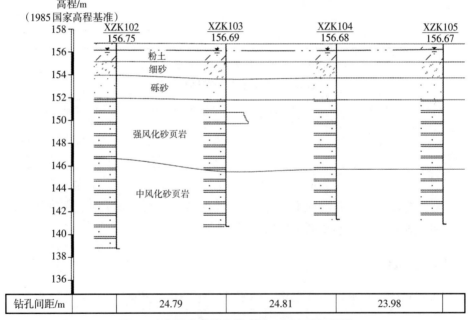

图3.20 朝阳市东北部代表性工程地质剖面图

表3.19 朝阳市东北部地层物理力学指标

地层名称	黏聚力/kPa	内摩擦角/(°)	承载力特征值/kPa	压缩模量或变形模量/MPa
粉土	10~17	10~20	80~120	3.0~4.5
细砂	0	20~25	140~200	9.0~13.0
砾砂	0	30~35	200~400	15.0~25.0
强风化砂页岩	25~30	20~25	400~600	30.0~50.0
中风化砂页岩	35~40	30~35	600~1000	50.0~80.0

此区域地下水类型主要为潜水，主要含水层为填土、粉土、砾砂层，水位埋深一般在地面下 0.40～8.30 m。地下水富水性较好，径流条件较好，补给来源主要为大气降水与地下径流，该场地地下水位随季节变化较为明显，年水位变幅为 1.00～2.00 m。

朝阳市东南部主要地层，由上而下依次为以下几种。

① 杂填土：杂色，松散堆积，主要由砖块、碎石等建筑垃圾与粉质黏土组成。

② 粉土：浅黄褐色，稍密状态，高压缩性。此层粉土存在湿陷性。

③ 砾砂：黄褐色，稍密状态，颗粒形状以次棱角状为主，颗粒级配一般。

④ 圆砾：黄褐色，颗粒级配较好，颗粒形状以亚圆形为主，稍密～中密状态。

朝阳市东南部代表性工程地质剖面图如图3.21，所示地层物理力学指标见表3.20。

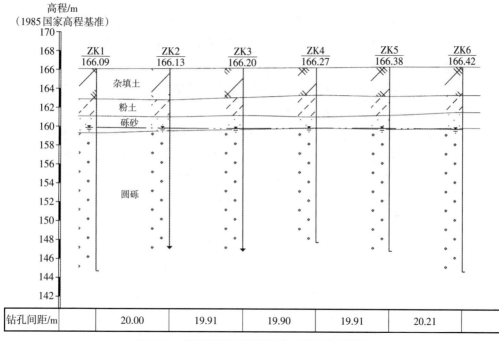

图3.21 朝阳市东南部代表性工程地质剖面图

表3.20 朝阳市东南部地层物理力学指标

地层名称	黏聚力/kPa	内摩擦角/(°)	承载力特征值/kPa	压缩模量或变形模量/MPa
粉土	15～25	10～16	100～120	3.0～4.5
砾砂	0	30～35	200～300	15.0～30.0
圆砾	0	30～45	300～600	25.0～40.0

此区域地下水类型主要为潜水，主要含水层为砾砂、圆砾层，水位埋深一般在地面下 5.0～7.0 m。地下水富水性较好，径流条件较好，补给来源主要为大气降水与地下径流，该场地地下水位随季节变化较为明显，年水位变幅为 1.00～2.00 m。

朝阳市的基岩层主要以页岩、砂页岩为主。在基岩上覆盖的地层主要为：填土层、第四纪冲积层、残坡积层。

填土层由素填土和杂填土组成，其分布受人类活动影响大，厚度较薄，承载力低，工程性质差，在工程建设中一般属于挖除层。对建筑基础的选型和基坑支护的选型影响都较小。

第四纪冲积层在主城区的大部分区域存在，土性主要为粉质黏土层、砂层、碎石土层。从东西两侧低山丘陵区的基岩浅埋区域向大凌河方向，厚度由薄到厚。该层是建筑基础的主要接触层，其性质对基础的选型具有决定性作用。

在朝阳市区内进行建设时，一定要注意湿陷性黄土对建筑物的不利影响。在朝阳市区内，普遍存在湿陷性黄土。大部分为非自重湿陷性土，湿陷性轻微，一般为新近堆积黄土，具有孔隙比大、压缩性高、承载力低的特点。大部分区域湿陷性黄土地基的湿陷等级为Ⅰ级（轻微）。湿陷性黄土场地上的建筑物工程设计应根据场地湿陷类型、地基湿陷等级和地基处理后下部未处理湿陷性黄土层的湿陷起始压力值或剩余湿陷量，结合当地建筑经验和施工条件等因素，综合确定采取的地基基础措施、结构措施、防水措施。

残坡积层在主城区西部和东部低山丘陵区局部存在，存在的区域较少，残坡积层主要为粉质黏土。埋深较浅，是荷载不大的建筑物的浅基础主要持力层。残积层遇雨水易软化，在作为基础持力层时应注意防水。

风化岩主要为页岩、砂页岩。埋深从主城区东西两侧低山丘陵区的基岩浅埋区域向大凌河方向区域逐渐加深。风化岩承载力高、工程性能好，对建筑物基础的选型影响较大。从整个朝阳市区的分布来看，埋深由浅到深，埋深较浅区域可直接作为建筑物的浅基础主要持力层，在过渡区域可以作为建筑物的桩基础持力层，在较深区域作为建筑物基础的下卧层。

朝阳市的地下水类型主要为松散地层的孔隙潜水、上层滞水、基岩裂隙水三类。松散地层孔隙水主要赋存于冲洪积的黏性土层、砂层和碎石土中，主要接受大气降水和长距离的河流侧向补给，潜水埋深较浅。上层滞水主要赋存于填土和粉质黏土层中。基岩裂隙水主要赋存于岩层的风化裂隙、构造节理中，主要分布在东西两侧的低山丘陵区。

（2）北票市：北票市地处辽宁省西部，朝阳市东北部。北票市地貌呈剥蚀低山丘陵、山前堆积、河流阶地、冲沟、河浸滩等多种复杂形态。地形以西北部最高，东南部低山次之，中部、南部两个构造盆地较低，中部偏东南、金岭寺至羊山构造盆地北缘东端最低，大凌河流入义县境处海拔80 m，最高、最低相对高差为994.7 m。

以北票市区西北部为例，主要地层由上而下依次为以下几种。

①杂填土：由煤矸石、炉灰、生活垃圾及素填土、建筑垃圾组成。

②近期堆积粉土：场地大部赋存，褐黄色、褐色，有杂色土块，结构不均匀，虫孔可见，植物根发育。具大孔性，竖向孔隙发育，炭质根茎痕迹、白色钙质痕迹可见，根据野外宏观观察判断，该层土为新近堆积土，具湿陷性及高压缩性。

③粉质黏土1：场地普遍赋存分布，浅黄色、黄褐色、深褐色，以可塑状态为主，地下水位附近为软塑~流塑状态，含黄色氧化铁条纹，局部黏粒含量减少为粉土。水位之上的粉土和粉质黏土存在湿陷性。

④ 粉土：场地普遍赋存，黄褐色、浅褐色、灰色，以湿状态为主，中密状态，赋存较为稳定，含黄色氧化铁条纹，局部黏粒含量增多为粉质黏土。

⑤ 粉质黏土2：场地大部赋存，北侧缺失。黄色，黄红色，可塑～软塑状态，含黄色氧化铁条纹，底部含岩石角砾。

⑥ 圆砾：场地普遍赋存，黄褐色，湿，稍密～中密状态，含少量粉质黏土，局部粉质黏土含量较多。磨圆度较差，颗粒形状为亚圆形～棱角状，级配较好。

⑦ 残积土：黄褐色、灰褐色，较为密实，土状、砂质状，含少量岩石碎块，成分为泥质砂岩、泥岩。

⑧ 强风化岩石：为侏罗系北票组泥岩及泥质砂岩，黄褐色、灰褐色，小碎块状，用手能掰碎，裂隙发育，破碎状。

北票市西北部代表性工程地质剖面图如图3.22所示，地层物理力学指标见表3.21。

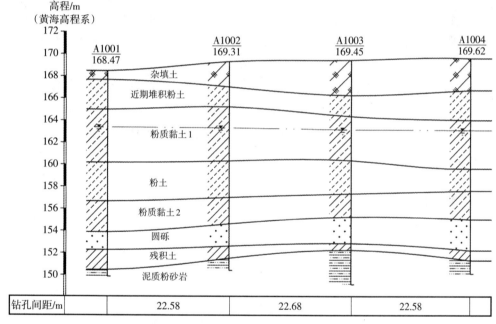

图3.22 北票市西北部代表性工程地质剖面图

表3.21 北票市西北部地层物理力学指标

地层名称	黏聚力/kPa	内摩擦角/(°)	承载力特征值/kPa	压缩模量或变形模量/MPa
近期堆积粉土	10～15	10～15	80～100	1.4～4.5
粉质黏土1	15～25	8～15	80～100	2.2～6.0
粉土	10～20	12～20	110～150	5.0～10.0
粉质黏土2	20～30	10～17	110～150	4.0～7.0
圆砾	0	30～35	150～350	15.0～25.0

表 3.21 (续)

地层名称	黏聚力/kPa	内摩擦角/(°)	承载力特征值/kPa	压缩模量或变形模量/MPa
残积土	20 ~ 25	15 ~ 20	150 ~ 250	10.0 ~ 20.0
强风化岩石	25 ~ 30	20 ~ 25	400 ~ 600	30.0 ~ 50.0

此区域地下水类型主要为潜水，主要含水层为粉质黏土、粉土、圆砾层，水位埋深一般在地面下 4.0 ~ 5.0 m。地下水富水性较好，径流条件较好，补给来源主要为大气降水与地下径流，该场地地下水位随季节变化较为明显，年水位变幅为 1.00 ~ 2.00 m。

此区域存在不良地质因素，主要为由于北票冠山煤矿开采引起的地表沉降。煤矿工业化开采时间为 1928 年至 2001 年，地下煤矿开采引起地面移动及变形。部分区域大部分已为沉降稳定区或趋于稳定区。其他区域根据实际观测资料，场地地面年沉降 10 ~ 50 mm，幅度呈逐年减小趋势，最大沉降中心逐渐向北移动，2000 年末，实测在北河套北岸，6—12 月沉降量 470 mm。随煤矿深部继续开采，场地现在及将来地面存在移动及变形条件，尤其是开采 ~ 460 m 水平 5 # 煤层，煤层埋深较浅，地面移动及变形对建筑物影响较大。

北票市整体的浅层工程地质特征主要是从东西两侧低山丘陵区域的基岩浅埋区域向中部逐渐过渡成河流冲积平原区。

北票市县城大部分为河流冲积平原区，西侧少部分为山前斜地，地基土上覆地层成因类型为第四纪冲洪积，下伏为泥岩、砂岩、安山岩。

填土层分布受人类活动影响大，厚度较薄，承载力低，工程性质差，在工程建设中一般属于挖除层。对建筑基础的选型和基坑支护的选型影响都较小。

第四纪冲积层存在于县城的大部分区域，土性主要为黏性土层、砂层、碎石土层。县城的一般建筑荷载通常都不大，该层是县城内建筑的主要持力层，其性质对基础的选型具有决定性作用。北票市内大部分区域存在湿陷性黄土，其性质和朝阳市内相近，在进行建筑时应注意其影响。

残坡积层主要存在于县城的西侧，坡积层主要为粉质黏土，残积层主要为砂质黏性土或砾质黏性土。在埋深较浅区域，是建筑物的浅基础主要持力层。残积层的砂质黏性土或砾质黏性土遇水易软化，在作为基础持力层时应注意防水。

风化岩主要为泥岩、砂岩、安山岩。埋深从东西两侧向中部加深。风化岩承载力高、工程性能好，可以作为建筑物的桩基础持力层，或者下卧层。

北票城区的地下水类型主要为松散地层的孔隙潜水。松散地层孔隙水主要赋存于冲洪积的黏性土层、碎石土层中，主要接受大气降水和长距离的河流侧向补给。

北票市内地下存在采空区，导致地面沉降，主要由于煤矿开采引起，有的地方已经沉降稳定或趋于稳定，但是还存在未稳定区域，未稳定区域对建筑物影响较大。

(3) 朝阳县：朝阳县版图呈菱形，南北较长，东西略窄。山脉纵贯，河流冲积形成既有连绵起伏的中低山，又有沟壑纵横的丘陵和沿深缓平的冲积平原。地势自西北向东南倾斜。山区与丘陵相对高差为300~600 m，主要河流为大凌河。

以朝阳县城南部为例，主要地层由上而下依次为以下几种。

① 粉质黏土：黄褐色，可塑状态，高压缩性。此层粉质黏土存在湿陷性，湿陷系数平均值为0.022，湿陷程度为轻微，湿陷起始压力为82~97 kPa，自重湿陷系数为0.011，判定场地属非自重湿陷性黄土场地。R计算值均大于$R_0 = -154.80$，粉质黏土为新近堆积黄土Q42。经计算总湿陷量$\Delta s = 191.40$ mm，湿陷性黄土地基的湿陷等级为 I 级（轻微）。

② 细砂：黄褐色，饱和，稍密状态，颗粒级配较差。

③ 圆砾：颗粒级配较好，颗粒形状以亚圆形为主，无序排列，饱和，稍密状态。

④ 强风化砂页岩：黄褐色，强风化，粒状结构，层理状构造，岩芯呈碎块状、块状。

朝阳县代表性工程地质剖面图如图3.23所示，地层物理力学指标见表3.22。

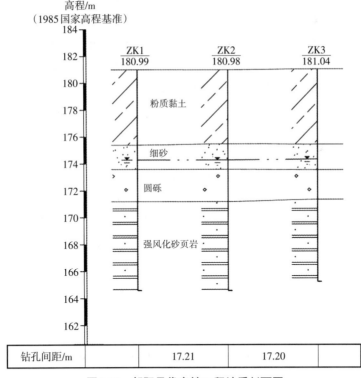

图3.23 朝阳县代表性工程地质剖面图

表3.22 朝阳县地层物理力学指标

地层名称	黏聚力/kPa	内摩擦角/(°)	承载力特征值/kPa	压缩模量或变形模量/MPa
粉质黏土	15~30	10~15	100~120	3.0~4.5
细砂	0	20~25	150~250	10.0~20.0

表3.22（续）

地层名称	黏聚力/kPa	内摩擦角/(°)	承载力特征值/kPa	压缩模量或变形模量/MPa
圆砾	0	30～35	250～350	20.0～30.0
强风化砂页岩	20～30	20～25	400～600	30.0～60.0

此区域地下水类型主要为潜水，主要含水层为砂层、圆砾层，水位埋深一般在地面下6.0～7.0 m。地下水富水性较好，径流条件较好，补给来源主要为大气降水与地下径流，该场地地下水位随季节变化较为明显，年水位变幅为1.00～2.00 m。

朝阳县整体的浅层工程地质特征主要是从东西两侧低山丘陵区域的基岩浅埋区域向中部逐渐过渡成河流冲积平原区。

朝阳县城大部分为河流冲积平原区，地基土上覆地层成因类型为第四纪冲洪积，下伏为砂页岩。

填土层分布受人类活动影响大，厚度较薄，承载力低，工程性质差，在工程建设中一般属于挖除层。对建筑基础的选型和基坑支护的选型影响都较小。

第四纪冲积层存在于县城的大部分区域，土性主要为黏性土层、砂层、碎石土层。县城的一般建筑荷载通常都不大，该层是县城内建筑的主要持力层，其性质对基础的选型具有决定性作用。朝阳县内大部分区域存在湿陷性黄土，其性质和朝阳市内相近，在进行建筑时应注意其影响。

残坡积层存在于局部区域，坡积层主要为粉质黏土，残积层主要为砂质黏性土或砾质黏性土。在埋深较浅区域，是建筑物的浅基础主要持力层。残积层的砂质黏性土或砾质黏性土遇水易软化，在作为基础持力层时应注意防水。

风化岩主要为泥岩、砂岩、安山岩。埋深从东西两侧向中部加深。风化岩承载力高、工程性能好，可以作为建筑物的桩基础持力层，或者下卧层。

朝阳县城的地下水类型主要为松散地层的孔隙潜水。松散地层孔隙水主要赋存于冲洪积的砂层、碎石土层中，主要接受大气降水和长距离的河流侧向补给。

（4）建平县：建平县属辽西山地丘陵区，境内群山起伏，沟壑纵横。努鲁儿虎山脉横贯中部，自东北延伸至西南，将建平县分成南北两个不同的自然区，中部地势较高，是老哈河与大凌河的分水岭。

以建平县城西北部为例，主要地层由上而下依次为以下几种。

① 杂填土：主要由碎石、砖块等建筑垃圾与粉质黏土组成，稍湿，结构松散。

② 粉质黏土：黄褐色、红褐色，可塑状态，中～缩性，无湿陷性。包含的亚层和透镜体：中砂，黄褐色，稍湿，松散状态。

③ 全风化片麻岩：杂色，全风化，岩芯多为砂状，见少量碎块。

④ 强风化片麻岩：黄褐色，强风化，片麻状结构，块状构造，岩芯呈碎块状、块状。

建平县代表性工程地质剖面图如图3.24所示，地层物理力学指标见表3.23。

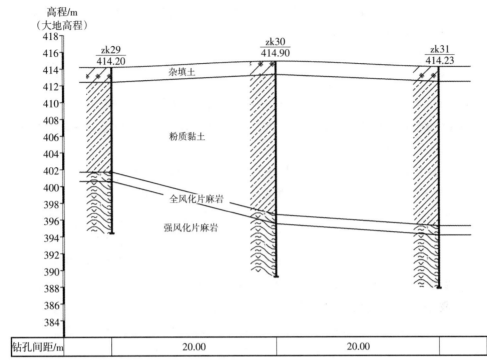

图3.24 建平县代表性工程地质剖面图

表3.23 建平县地层物理力学指标

地层名称	黏聚力/kPa	内摩擦角/(°)	承载力特征值/kPa	压缩模量或变形模量/MPa
粉质黏土	15 ~ 25	12 ~ 16	100 ~ 140	3.0 ~ 4.5
全风化片麻岩	20 ~ 25	15 ~ 20	160 ~ 280	14.0 ~ 30.0
强风化片麻岩	25 ~ 30	20 ~ 25	300 ~ 500	30.0 ~ 60.0

此区域在浅层深度内未见地下水。可能局部存在上层滞水。

建平县整体的浅层工程地质特征主要是从东西两侧低山丘陵区域的基岩浅埋区域向中部逐渐过渡成河流冲积平原区。

建平县城大部分为河流冲积平原区，西北侧少部分为山前斜地，地基土上覆地层成因类型为第四纪冲洪积，下伏为砂岩、片麻岩。

填土层分布受人类活动影响大，厚度较薄，承载力低，工程性质差，在工程建设中一般属于挖除层。对建筑基础的选型和基坑支护的选型影响都较小。

第四纪冲积层存在于县城的大部分区域，土性主要为黏性土层、砂层、碎石土层。县城的一般建筑荷载通常都不大，该层是县城内建筑的主要持力层，其性质对基础的选型具有决定性作用。建平县内大部分区域存在湿陷性黄土，其性质和朝阳市内相近，在进行建筑时应注意其影响。

残坡积层主要存在于县城的西北侧，坡积层主要为粉质黏土，残积层主要为砂质黏性土或砾质黏性土。在埋深较浅区域，是建筑物的浅基础主要持力层。残积层的砂质黏性土或砾质黏性土遇水易软化，在作为基础持力层时应注意防水。

风化岩主要为砂岩、片麻岩。埋深从东西两侧向中部加深。风化岩承载力高、工程性能好，可以作为建筑物的桩基础持力层，或者下卧层。

建平县西北部地下水资源匮乏，基本未见地下水。

（5）喀喇沁左翼蒙古族自治县（以下简称喀左县）：喀左县地处辽西低山丘陵区，海拔一般在 300～400 m，山地、丘陵、平地、河川相间交错，构成"七山一水二分田"地貌。西北有努鲁儿虎山脉，自西向北延伸，东南有松岭山脉，由南伸向东北。喀左县形成西北和东南高、中间低的槽形地形。

以喀左县县城中部为例，主要地层由上而下依次为以下几种。

① 杂填土：主要由建筑垃圾与粉质黏土组成，稍湿，结构松散。

② 粉质黏土：黄褐色，可塑状态，切面稍有光滑，无摇震反应，干强度中等，韧性中等，高压缩性。此层粉质黏土存在湿陷性，湿陷系数平均值为 0.021，湿陷程度为轻微，湿陷起始压力为 82～106 kPa，自重湿陷系数为 0.011，判定场地属非自重湿陷性黄土场地。R 计算值均大于 $R_0 = -154.80$，粉质黏土为新近堆积黄土 Q42。经计算总湿陷量 $\Delta s = 222.6$ mm，湿陷性黄土地基的湿陷等级为 I 级（轻微）。

③ 圆砾：黄褐色，颗粒级配较好，颗粒形状以亚圆形为主，无序排列，稍密～中密状态。

④ 强风化砂页岩：黄褐色～灰绿色，强风化，碎屑结构，层理状构造，岩芯呈碎块状、块状。

喀左县代表性工程地质剖面图如图 3.25 所示，地层物理力学指标见表 3.24。

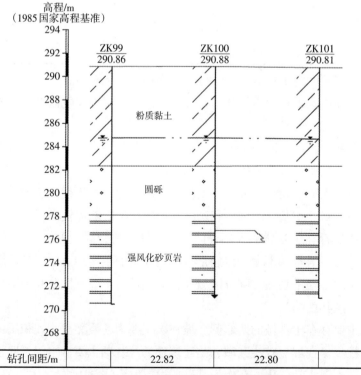

图 3.25　喀左县代表性工程地质剖面图

表3.24　喀左县地层物理力学指标

地层名称	黏聚力/kPa	内摩擦角/(°)	承载力特征值/kPa	压缩模量或变形模量/MPa
粉质黏土	15～25	10～15	100～120	3.0～4.5
圆砾	0	32～37	300～600	25.0～40.0
强风化砂页岩	25～30	20～25	300～600	30.0～60.0

此区域地下水类型主要为潜水，主要含水层为圆砾层，水位埋深一般在地面下 5.0～8.0 m。地下水富水性较好，径流条件较好，补给来源主要为大气降水与地下径流，该场地地下水位随季节变化较为明显，年水位变幅为1.00～2.00 m。

喀左县整体的浅层工程地质特征，主要是从西北、东南两侧低山丘陵区域的基岩浅埋区域向中部逐渐过渡成河流冲积平原区。

喀左县城大部分为河流冲积平原区，地基土上覆地层成因类型为第四纪冲洪积，下伏为砂页岩。

填土层分布受人类活动影响大，厚度较薄，承载力低，工程性质差，在工程建设中一般属于挖除层。对建筑基础的选型和基坑支护的选型影响都较小。

第四纪冲积层存在于县城的大部分区域，土性主要为黏性土层、砂层、碎石土层。县城的一般建筑荷载通常都不大，该层是县城内建筑的主要持力层，其性质对基础的选型具有决定性作用。喀左县内大部分区域存在湿陷性黄土，其性质和朝阳市内相近，在进行建筑时应注意其影响。

残坡积层存在于局部区域，坡积层主要为粉质黏土，残积层主要为砂质黏性土或砾质黏性土。在埋深较浅区域，是建筑物的浅基础主要持力层。残积层的砂质黏性土或砾质黏性土遇水易软化，在作为基础持力层时应注意防水。

风化岩主要为砂页岩。埋深从东南、西北两侧向中部加深。风化岩承载力高、工程性能好，可以作为建筑物的桩基础持力层，或者下卧层。

喀左县城的地下水类型主要为松散地层的孔隙潜水。松散地层孔隙水主要赋存于冲洪积的黏性土层、碎石土层中，主要接受大气降水和长距离的河流侧向补给。

（6）凌源市：凌源市地处辽西低山与丘陵地形区的中部，属华北山地与高原一级地形区。境内广布低山丘陵，与河谷盆地相间排列，具有平行岭谷地貌特征。地势由西向东倾斜，中部略隆起。

以凌源市区中部（河东）为例，主要地层由上而下依次为以下几种。

①杂填土：杂色，稍湿，松散堆积，主要由砖块、碎石等建筑垃圾与粉质黏土组成。

②粉质黏土：黄褐色，可塑状态，高压缩性。此层粉质黏土存在湿陷性，湿陷系数平均值为0.021，湿陷程度为轻微，湿陷起始压力为83～98 kPa，自重湿陷系数为0.010，判定场地属非自重湿陷性黄土场地。R计算值均大于$R_0 = -154.80$，粉质黏土为新近堆积黄土Q42。经计算总湿陷量$\Delta s = 180.6$ mm，湿陷性黄土地基的湿陷等级为Ⅰ级

（轻微）。

③圆砾：颗粒级配较好，颗粒形状以亚圆形为主，无序排列，稍密～中密状态。

④强风化安山岩、灰色～灰褐色，原岩结构构造基本保持，岩石风化裂隙发育，安山结构，块状构造，岩芯呈碎块状、块状。

凌源市代表性工程地质剖面图如图3.26所示，地层物理力学指标见表3.25。

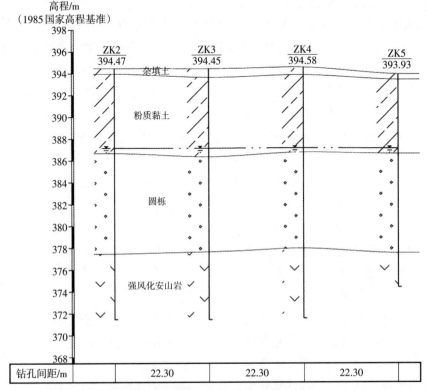

图3.26　凌源市代表性工程地质剖面图

表3.25　凌源市地层物理力学指标

地层名称	黏聚力/kPa	内摩擦角/(°)	承载力特征值/kPa	压缩模量或变形模量/MPa
粉质黏土	15～25	10～15	100～120	3.0～4.5
圆砾	0	32～37	300～600	25.0～40.0
强风化安山岩	25～30	20～25	300～600	30.0～60.0

此区域地下水类型主要为潜水，主要含水层为圆砾层，水位埋深一般在地面下6～8 m。地下水富水性较好，径流条件较好，补给来源主要为大气降水与地下径流，该场地地下水位随季节变化较为明显，年水位变幅为1.00～2.00 m。

凌源市整体的浅层工程地质特征主要是从东西两侧低山丘陵区域的基岩浅埋区域向中部逐渐过渡成河流冲积平原区。

凌源市大部分为河流冲积平原区，地基土上覆地层成因类型为第四纪冲洪积，下伏为安山岩。

填土层分布受人类活动影响大，厚度较薄，承载力低，工程性质差，在工程建设中一般属于挖除层。对建筑基础的选型和基坑支护的选型影响都较小。

第四纪冲积存在于县城的大部分区域，土性主要为黏性土层、砂层、碎石土层。县城的一般建筑荷载通常都不大，该层是县城内建筑的主要持力层，其性质对基础的选型具有决定性作用。凌源市内大部分区域存在湿陷性黄土，其性质和朝阳市内相近，在进行建筑时应注意其影响。

残坡积层存在于局部区域，坡积层主要为粉质黏土，残积层主要为砂质黏性土或砾质黏性土。在埋深较浅区域，是建筑物的浅基础主要持力层。残积层的砂质黏性土或砾质黏性土遇水易软化，在作为基础持力层时应注意防水。

风化岩主要为砂页岩。埋深从东南、西北两侧向中部加深。风化岩承载力高、工程性能好，可以作为建筑物的桩基础持力层，或者下卧层。

凌源市县城的地下水类型主要为松散地层的孔隙潜水。松散地层孔隙水主要赋存于冲洪积的砂层、碎石土层中，主要接受大气降水和长距离的河流侧向补给。

3.3.3　葫芦岛市

葫芦岛市包括葫芦岛市区、兴城市、绥中县、东戴河新区、建昌县。

葫芦岛市依山傍海，地势自西北向东南逐渐降低，由海拔400 m以上的山区，经丘陵区到海拔20 m以下的滨海平原，在渤海海岸形成狭长的滨海平原，素有"辽西走廊"之称。松岭南麓和燕山系斜卧在西北部，形成葫芦岛西北的屏障，最高峰在建昌境内的大青山，海拔1223.8 m，山岭重叠、丘陵起伏、黄土覆盖层较厚。从地形上看，全市分为西北山区、中部丘陵区和东南沿海平原区。

（1）葫芦岛市区：葫芦岛主城区主要由连山区、龙港区、南票区组成。

以葫芦岛市东南部为例，主要地层由上而下依次为以下几种。

①杂填土：杂色，主要由黏性土、砖块、碎石、水泥块等建筑垃圾组成。稍湿、结构松散。

②粉质黏土：黄褐色、灰褐色、灰黑色。局部呈黏土状，饱和，可塑。包含的亚层和透镜体：有机质黏土，褐色～灰色～黑色，局部含砂粒，饱和，硬塑，局部为可塑；粉质黏土，黄褐色、灰褐色，饱和，软塑；细砂，灰褐色，石英、长石质，稍湿～饱和，稍密，局部为粉砂，含少量黏性土。

③中砂：黄褐色、灰褐色、灰绿色，稍湿～饱和，中密，混粒结构、级配一般，含黏性土。包含的亚层和透镜体：粉质黏土，黄褐色、灰褐色，硬可塑～硬塑。

④砾砂：黄褐色，混粒结构，级配一般，含砾石约15%，局部呈圆砾状，含15%黏性土，呈胶结状态砾石颗粒。稍湿～饱和，中密。

⑤全风化花岗混合岩：黄褐色，结构完全破坏，但尚有残余可辨认，矿物大部分已风化成残块状、砂土状，局部为土夹风化残块，用镐可挖。干钻较容易，手捏易碎。

⑥ 强风化花岗混合岩：黄褐色、灰褐色，结构大部分破坏，矿物成分显著变化，风化裂隙很发育，岩体破碎，干钻不易钻进，块状构造，主要矿物为长石、石英、云母。节理裂隙发育。岩芯呈砂土状、碎块状、块状，局部为短柱状，局部含中风化残块。

葫芦岛市区代表性工程地质剖面图如图3.27所示，地层物理力学指标见表3.26。

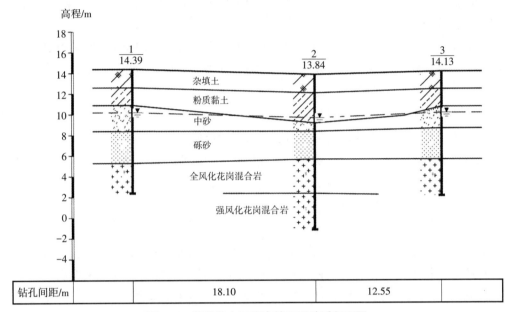

图3.27　葫芦岛市区代表性工程地质剖面图

表3.26　葫芦岛市区地层物理力学指标

地层名称	黏聚力/kPa	内摩擦角/(°)	承载力特征值/kPa	压缩模量或变形模量/MPa
粉质黏土	20～35	15～23	120～200	4.0～7.0
中砂	0	32～35	200～350	15.0～25.0
砾砂	0	32～35	200～350	15.0～25.0
全风化花岗混合岩	20～25	15～20	200～300	20.0～30.0
强风化花岗混合岩	25～30	20～25	300～500	30.0～50.0

此区域地下水类型主要为潜水。潜水主要赋存于砂土层中，水量丰富，具有一定的承压性。水位在自然地面以下3.00～5.00 m。受大气降水及地下径流的补给，水位随季节变化明显，变化幅度为1～2 m。

葫芦岛主城区整体的浅层工程地质特征主要是从西北侧山区和中部的低山丘陵区的基岩浅埋区域向东南逐渐过渡成河流冲积平原区。

葫芦岛市区的基岩层以砂岩、花岗岩、花岗混合岩为主，西北部山区为页岩及石灰岩。在基岩上覆盖的地层主要为：填土层、第四纪冲积层、残坡积层。

填土层由素填土和杂填土组成，其分布受人类活动影响大，厚度较薄，承载力低，工程性质差，在工程建设中一般属于挖除层。对建筑基础的选型和基坑支护的选型影响都较小。在局部较厚区域，对建筑基础的选型和基坑支护的选型影响都较大。

第四纪冲积层在城区中部局部存在，东南部存在，土性主要为粉质黏土层、砂层、碎石土层。中部局部区域厚度较薄，东南部区域厚度一般，在东南沿海的工业园区为由冲积层和海陆交互相沉积组成。该层是建筑基础的主要接触层，其性质对基础的选型具有决定性作用。

残坡积层存在于主城区市区西北部和中部，坡积层主要为粉质黏土，残积层主要为砂质黏性土或砾质黏性土。埋深较浅，是荷载不大的建筑物的浅基础主要持力层。残积层的砂质黏性土或砾质黏性土遇水易软化，在作为基础持力层时应注意防水。

风化岩主要为砂岩、砾岩以及花岗岩，局部为页岩、石灰岩。埋深从西北部山区向东南部平原域逐渐加深。风化岩承载力高、工程性能好，对建筑物基础的选型影响较大。从整个葫芦岛市区的分布来看，埋深由浅到深，埋深较浅区域，可直接作为建筑物的浅基础主要持力层，在东南平原及沿海区域，基岩埋深也不是特别深，在此区域可以作为建筑物的桩基础持力层。

葫芦岛市区的地下水类型主要为松散地层的孔隙潜水、上层滞水、基岩裂隙水三类。松散地层孔隙水主要赋存于冲洪积的砂层和碎石土中，主要接受大气降水和长距离的河流侧向补给，潜水埋深较浅。上层滞水主要赋存于填土和粉质黏土层中。基岩裂隙水主要赋存于岩层的风化裂隙、构造节理中，主要分布在西北侧山区和中部低山丘陵区。

（2）兴城市：兴城市依山傍水，东南沿海为平原，中部多为丘陵，西北部为山区，为松岭山脉延续分布丘陵地带。

以兴城市县城东南部为例，主要地层由上而下依次为以下几种。

① 素填土：杂色，以粉土为主，局部少量耕土、混砂及少量碎石，土质不均匀，稍湿，结构松散。

② 粗砂：灰黑色，颗粒不均匀，级配较好，力学性质变异性较高，混淤泥质粉质黏土，局部见有淤泥质粉质黏土互层，稍湿，松散状态。包含的亚层和透镜体：粉土，黄褐色，主要由黏粒和粉粒组成，以粉粒为主，含有少量砂粒，占5%左右。稍湿、稍密状态。细砂，浅灰黑色、黄褐色，局部混淤泥质粉质黏土，松散～稍密状态。

③ 淤泥质粉质黏土（混砂）：灰黑色，主要由黏粒和粉粒组成，混砂30%左右，局部更高，高压缩性，流塑状态。

④ 粗砂2：浅灰黑色、黄褐色，级配较好，磨圆度较好，局部混淤泥质粉质黏土，稍密～中密状态。

⑤ 砾砂：黄褐色，饱和，稍密状态，颗粒不均匀，级配较好，磨圆度较好，呈圆形或亚圆形，局部混有圆砾。

⑥ 强风化花岗岩：黄褐色，矿物成分主要以石英、长石为主，见少量暗色矿物。部分长石高岭土化，中粗粒结构，块状构造；风化成碎块状，结构严重破坏，见差异风化现象。裂隙发育，手可掰碎。

⑦ 中风化花岗岩：黄褐色，矿物成分主要以石英、长石为主，见少量暗色矿物。中粗粒结构，块状构造；风化成块状，解理裂隙不发育，岩心呈短柱状。

兴城市代表性工程地质剖面图如图3.28所示，地层物理力学指标见表3.27。

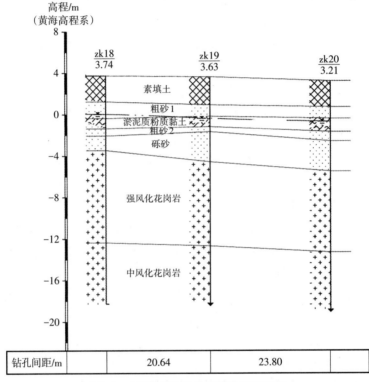

图3.28　兴城市代表性工程地质剖面图

表3.27　兴城市地层物理力学指标

地层名称	黏聚力/kPa	内摩擦角/(°)	承载力特征值/kPa	压缩模量或变形模量/MPa
粗砂1	0	30～32	120～200	10.0～15.0
淤泥质粉质黏土	9～17	3～15	60～100	2.5～4.0
粗砂2	0	32～34	150～250	15.0～30.0
砾砂	0	35～37	300～500	30.0～40.0
强风化花岗岩	25～30	20～25	500～800	30.0～50.0
中风化花岗岩	35～40	30～35	1000～2000	50.0～100.0

此区域的地下水类型为潜水，地下水主要赋存于砂土层，地下水位埋深在地面下

1.00～5.20 m。下水接受大气降水补给，主要排泄方式为蒸发。地下水位随季节变化，年变化幅度1.0～2.0 m。

兴城市整体的浅层工程地质特征主要是从西北侧山区和中部的低山丘陵区的基岩浅埋区域向东南逐渐过渡成河流冲积平原区。

兴城市城区大部分为河流冲积平原区，地基土上覆地层成因类型为第四纪冲洪积，下伏为花岗岩。

填土层其分布受人类活动影响大，厚度较薄，承载力低，工程性质差，在工程建设中一般属于挖除层。对建筑基础的选型和基坑支护的选型影响都较小。

第四纪冲积层存在于县城的大部分区域，土性主要为黏性土层、砂层、碎石土层。县城的一般建筑荷载通常都不大，该层是县城内建筑的主要持力层，其性质对基础的选型具有决定性作用。

风化岩主要为花岗岩，风化岩承载力高、工程性能好，可以作为建筑物的桩基础持力层。

兴城市县城的地下水类型主要为松散地层的孔隙潜水、上层滞水两类。松散地层孔隙水主要赋存于冲洪积的砂层、碎石土中，主要接受大气降水和长距离的河流侧向补给。上层滞水主要赋存于填土和粉质黏土层中。

（3）绥中县：绥中县地形地势受燕山山脉制约，山地属燕山山脉的东延部分，形成5条山脉。这些山脉呈扇形延伸至京沈铁路沿线，构成绥中县地形骨架。由于山脉多自西北部入境向东南延伸，使地势形成西北高、东南低的特征。

绥中县城主要地层由上而下依次为以下几种。

① 素填土：褐色，稍湿，松散，主要由碎石、中粗砂及黏性土组成。

② 黏土：褐黄色，软可塑，无摇震反应，切口有光泽，干强度中等，韧性中等。

③ 粗砂：黄褐色，稍湿～饱和，松散，粒径均匀一般，分选性一般，级配较差。包含的亚层和透镜体：粉质黏土，黄褐色、褐黄色，软可塑。

④ 全风化花岗岩：黄褐色，原岩结构不清晰，岩心呈沙土状，节理很发育，岩体极破碎，裂隙面可见黑色的铁锰质氧化物渲染，主要矿物成分为长石、石英，暗色矿物已风化成土状，遇水崩解、软化。

⑤ 强风化花岗岩：黄褐色、肉红色，粗粒结构，块状构造，岩心呈碎块状，节理很发育，岩体破碎，裂隙面可见黑色的铁锰质氧化物渲染，主要矿物成分为长石、石英，暗色矿物已风化成土状。遇水崩解、软化。

⑥ 中风化花岗岩（Ar）：黄褐色、肉红色；粗粒结构，块状构造，岩心呈柱状，节理较发育，岩体较破碎，裂隙面可见黑色的铁锰质氧化物渲染，主要矿物成分为长石、石英，暗色矿物已风化成土状。

绥中县代表性工程地质剖面图如图3.29所示，地层物理力学指标见表3.28。

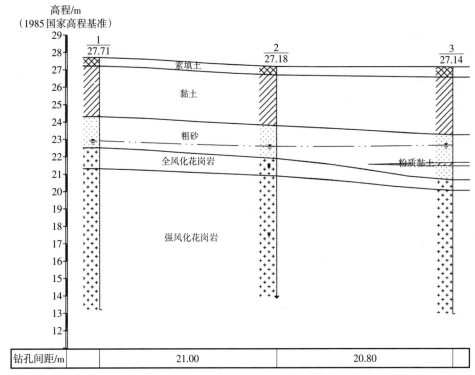

图3.29 绥中县代表性工程地质剖面图

表3.28 绥中县地层物理力学指标

地层名称	黏聚力/kPa	内摩擦角/(°)	承载力特征值/kPa	压缩模量或变形模量/MPa
黏土	25～40	10～20	120～200	4.0～6.0
粗砂	0	30～32	120～200	10.0～15.0
全风化花岗岩	20～25	15～20	200～300	20.0～40.0
强风化花岗岩	25～30	20～25	500～800	30.0～50.0
中风化花岗岩	35～40	30～35	1000～2000	50.0～100.0

此区域地下水类型属于潜水，地下水主要赋存于砂土层中，水位埋深在自然地面下2.0～5.0 m。地下水位变幅主要受大气降水影响，补给方式以大气降水补给为主，蒸发排泄地下水位年变幅为1.0～2.0 m。

局部地势较高区域，不存在砂土层，浅层区域无地下水。

（4）东戴河新区：东戴河新区主要地层由上而下依次为以下几种。

① 耕土：黄褐～黑褐色，主要由黏性土组成，含少量砂粒及植物根系，稍湿～湿，松散，性质不均。

② 素填土：黄褐色～灰褐色，主要由黏性土、风化岩碎块及植物根系组成，稍湿，松散，性质不均。

③ 杂填土：杂色，主要由碎石、砖块及黏性土组成，稍湿，松散。

④ 粉质黏土：黄褐色～红褐色，稍湿，硬塑，局部坚硬。局部为粉土、黏土。含砂粒从上往下由少至多，占10%～25%。包含的亚层和透镜体：粗砂，黄褐色，湿，均

粒结构，颗粒级配一般，中密，湿，含黏性土约占20%；粉质黏土，黄褐色，湿，软可塑，含沙砾从上往下由少至多，占10%～20%；细砂，黄褐，均粒结构，颗粒级配一般，松散，湿，局部为粉砂，含黏性土，约占30%。

　⑤全风化花岗岩：黄褐～红褐色，结构完全破坏，但尚可辨认，矿物大部分已风化成砂土状，含有大量石英、长石和少量云母，用镐可挖。干钻较容易，手捏易碎。

　⑥全风化闪长岩：黄褐色～灰褐色，结构完全破坏，但尚可辨认，矿物大部分已风化成土状，用镐可挖。干钻较容易，手捏易碎。

　⑦强风化花岗岩：黄褐～红褐色，结构大部分破坏，但尚可辨认，矿物成分显著变化，风化裂隙极发育，岩体破碎，中粗粒结构、块状构造，主要矿物为长石、石英、云母，节理裂隙极发育。主要风化为砂土状。岩芯呈砂土状、碎块状、块状，局部为短柱状，局部石英含量较高（为40%～50%），硬度加强。砂土状、碎块状用镐可挖，块状、短柱状需机械开挖。干钻由易至难，手掰易碎～锤击易碎。

　⑧强风化闪长岩：黄褐色～灰褐色，结构大部分破坏，但尚可辨认，矿物成分显著变化，风化裂隙极发育，岩体破碎，主要矿物为斜长石，节理裂隙极发育。岩芯呈碎块状、块状，局部为短柱状，碎块状用镐可挖，块状、短柱状需机械开挖。干钻由易至难，手掰易碎～锤击易碎。

东戴河新区代表性工程地质剖面图如图3.30所示，地层物理力学指标见表3.29。

　⑨中风化花岗岩：黄褐～棕红～灰褐～青白色，结构部分破坏，沿节理面有次生矿物，风化裂隙很发育，岩体被切割成岩块。用镐难挖，岩芯钻方可钻进，块状构造，主要矿物为长石、石英、云母。岩芯呈短柱状、块状、碎块状。

　⑩中风化闪长岩：黄褐色～灰褐色，结构部分破坏，沿节理面有次生矿物，风化裂隙很发育，岩体被切割成岩块。用镐难挖，岩芯钻方可钻进，块状构造，主要矿物为斜长石。岩芯呈短柱状、块状、碎块状。

此区域的地下水类型为上层滞水，地下水主要赋存于填土、粉质黏土层中，水位埋深在自然地面下2.0～9.0 m，主要受地下径流、大气降水补给，水位随季节变化较大，年变化幅度在1～2 m左右。

绥中县及东戴河新区整体的浅层工程地质特征主要是从西北部低山丘陵区的基岩浅埋区域向东南侧逐渐过渡成河流冲积平原区。

填土层分布受人类活动影响大，厚度较薄，承载力低，工程性质差，在工程建设中一般属于挖除层，对建筑基础的选型和基坑支护的选型影响都较小。个别填土较厚区域对建筑基础的选型和基坑支护的选型有一定影响。

第四纪冲积层存在于大部分区域，土性主要为黏性土层和砂土层，是荷载不大的建筑物的主要持力层，其性质对基础的选型具有决定性作用。

残坡积层存在于部分区域，坡积层主要为粉质黏土，残积层主要为砂质黏性土或砾质黏性土。在埋深较浅区域，是建筑物的浅基础主要持力层。残积层的砂质黏性土或砾质黏性土遇水易软化，在作为基础持力层时应注意防水。

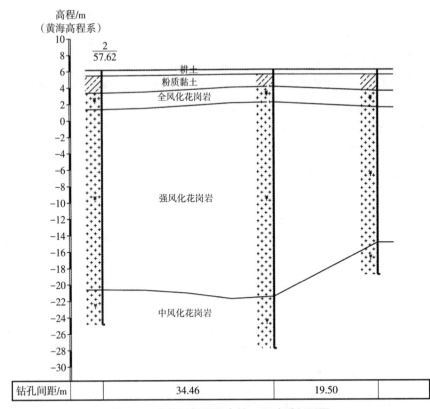

图3.30 东戴河新区代表性工程地质剖面图

表3.29 东戴河新区地层物理力学指标

地层名称	黏聚力/kPa	内摩擦角/(°)	承载力特征值/kPa	压缩模量或变形模量/MPa
粉质黏土	20 ~ 30	10 ~ 20	120 ~ 200	4.0 ~ 6.0
全风化花岗岩	20 ~ 25	15 ~ 20	200 ~ 300	20.0 ~ 40.0
全风化闪长岩	20 ~ 25	15 ~ 20	200 ~ 300	20.0 ~ 40.0
强风化花岗岩	25 ~ 30	20 ~ 25	500 ~ 800	30.0 ~ 50.0
强风化闪长岩	25 ~ 30	20 ~ 25	500 ~ 800	30.0 ~ 50.0
中风化花岗岩	35 ~ 40	30 ~ 35	1000 ~ 2000	50.0 ~ 100.0
中风化闪长岩	35 ~ 40	30 ~ 35	1000 ~ 2000	50.0 ~ 100.0

风化岩主要为花岗岩,埋深从西北部向东南侧逐渐加深。风化岩承载力高、工程性能好,可以作为建筑物的桩基础持力层,或者下卧层。

地下水类型主要为松散地层的孔隙潜水、上层滞水两类。松散地层孔隙水主要赋存于冲洪积的砂层、碎石土中,主要接受大气降水和长距离的河流侧向补给。上层滞水主要赋存于填土和粉质黏土层中。

（5）建昌县：建昌县地处辽西丘陵，县境山峦起伏，沟壑纵横，是"七山一水二分田"的石质山区，地势由西北向东南倾斜呈阶梯状。分为低山、丘陵、河谷、平原四大地貌类型。

以建昌县城西南部为例，主要地层由上而下依次为以下几种。

①素填土：褐色，稍湿，松散，主要由碎石、中粗砂及黏性土组成。

②粉质黏土1：褐黄色，软可塑，稍湿。

③圆砾1：稍湿，松散状，磨圆度一般，均匀性较好，多呈次棱角状，泥质充填，级配一般。

④粉质黏土2：褐黄色，软可塑，稍湿。包含的亚层和透镜体：圆砾，褐黄色，稍湿，松散状，磨圆度一般，均匀性较好，多呈次棱角状，泥质充填，级配一般。

⑤圆砾2：褐黄色，稍湿~饱和，稍密状，磨圆度一般，均匀性较好，多呈次棱角状，泥质充填，级配一般。

⑥强风化砾岩：褐红色，砾状结构，中厚层状构造，主要成分为安山岩、花岗岩及长石、石英等矿物，泥质胶结，结构大部分破坏，风化裂隙很发育，岩体破碎，岩芯呈碎块状，该层风化不均匀，部分风化成碎块及土状。

⑦中风化砾岩：褐红色，砾状结构，中厚层状构造，主要成分为安山岩、花岗岩及长石、石英等矿物，砾石呈接触式泥质胶结，风化裂隙发育，岩体破碎，岩芯呈短柱状，该层风化不均匀，部分风化成碎块。

建昌县代表性工程地质剖面图如图3.31所示，地层物理力学指标见表3.30。

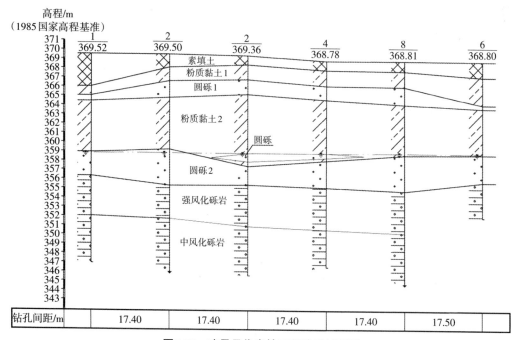

图3.31　建昌县代表性工程地质剖面图

表 3.30　建昌县地层物理力学指标

地层名称	黏聚力/kPa	内摩擦角/(°)	承载力特征值/kPa	压缩模量或变形模量/MPa
粉质黏土1	15 ~ 30	10 ~ 15	100 ~ 150	4.0 ~ 6.0
圆砾1	0	32 ~ 34	200 ~ 300	15.0 ~ 25.0
粉质黏土2	15 ~ 25	10 ~ 15	80 ~ 100	3.0 ~ 4.0
圆砾2	0	32 ~ 34	200 ~ 300	15.0 ~ 25.0
强风化砾岩	25 ~ 30	20 ~ 25	400 ~ 600	30.0 ~ 50.0
中风化砾岩	35 ~ 40	30 ~ 35	800 ~ 1500	100.0 ~ 150.0

此区域地下水类型属于潜水，地下水主要赋存于圆砾层中，水位埋深在自然地面下 9.00 ~ 11.00 m，地下水位变幅主要受大气降水影响，补给方式以大气降水补给为主，蒸发排泄，地下水位年变幅为 1.0 ~ 2.0 m。

建昌县整体的浅层工程地质特征主要是从西北部低山丘陵区的基岩浅埋区域向东南侧逐渐过渡成河流冲积平原区。

建昌县城大部分为大凌河冲积平原。场地地层岩性主要为第四系冲洪积黏性土、砂土、碎石土和泥岩、砾岩。

填土层分布受人类活动影响大，厚度较薄，承载力低，工程性质差，在工程建设中一般属于挖除层，对建筑基础的选型和基坑支护的选型影响都较小。个别填土较厚区域对建筑基础的选型和基坑支护的选型有一定影响。

第四冲积层存在于县城的大部分区域，土性主要为黏性土层和碎石土层，是荷载不大的建筑物的主要持力层，其性质对基础的选型具有决定性作用。

风化岩主要为泥岩、砾岩。埋深从西北部向东南侧逐渐加深。风化岩承载力高、工程性能好，可以作为建筑物的桩基础持力层，或者下卧层。

建昌县城的地下水类型主要为松散地层的孔隙潜水、上层滞水两类。松散地层孔隙水主要赋存于冲洪积的碎石土层中，主要接受大气降水和长距离的河流侧向补给。上层滞水主要赋存于填土和粉质黏土层中。

3.3.4　锦州市

锦州市包括锦州市区、义县、北镇市、黑山县、凌海市。

锦州市境内山脉连绵起伏，地势特征是西北高，东南低。东北部义县和北镇市交界处有医巫闾山山脉，西北部有松岭山脉，形成由西北向东南倾斜地势，从海拔 400 m 的山区，向南逐渐降到海拔 20 m 以下的海滨平原，依次为低山区、丘陵区、平原区。

（1）锦州市区：锦州主城区主要由古塔区、凌河区、太和区组成，外扩新城区主要由松山新区、锦州经济技术开发区、龙栖湾新区组成。

以锦州主城区为例，大部分区域典型工程地质和水文地质特征如下。

锦州市主城区大部分区域主要地层由上而下依次为以下几种。

① 杂填土：杂色，松散，稍湿，主要由黏性土、建筑垃圾组成。包含的亚层和透镜体：素填土，黄褐色，松散，稍湿，主要由黏性土组成。

② 粉质黏土：黄褐色～灰色，饱和，可塑。包含的亚层和透镜体：粉质黏土，黄褐色～灰色，饱和，软塑；粉土，褐黄色，稍湿～湿，稍密，略有黏性，砂感明显；细砂，黄褐色，稍湿，稍密，局部为中砂。

③ 圆砾1：稍湿～饱和，松散～中密，分选较差，磨圆较好，多呈椭圆形、亚圆形，孔隙为砂充填。包含的亚层和透镜体：粉质黏土，黄褐色，饱和，可塑；中砂，黄褐色，稍湿，稍密。

④ 圆砾2：稍湿～饱和，中密～密实，分选较差，磨圆较好，多呈椭圆形、亚圆形，孔隙为砂充填。包含的亚层和透镜体：粉质黏土，黄褐色，饱和，可塑；中砂，黄褐色，稍湿，中密～密实。

⑤ 圆砾3：饱和，中密～密实，分选较差，磨圆较好，多呈椭圆形、亚圆形，孔隙为砂充填。含15%～20%黏性土，局部呈"泥包砾"状。包含的亚层和透镜体：粉质黏土，黄褐色，饱和，可塑含少量砾石。

⑥ 全风化砾岩：紫红色，结构构造基本被破坏，钙质胶结，岩芯呈土状、小块状。

⑦ 全风化泥岩：红褐色，遇水强度降低，原岩已风化成土状，结构尚可辨认。

⑧ 强风化砾岩：紫色、黄色，岩体被切割成3～15 cm的岩块，岩芯呈碎石状，手折易断，结构已严重破坏。

⑨ 强风化泥岩：红褐色，遇水强度降低，原岩已风化成土状，结构尚可辨认。

锦州主城区代表性工程地质剖面图如图3.32所示，地层物理力学指标见表3.31。

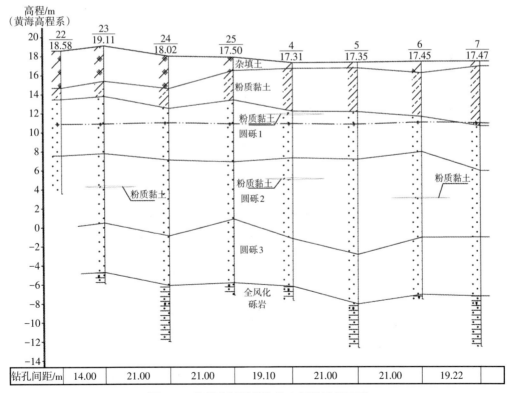

图3.32 锦州主城区代表性工程地质剖面图

表3.31 锦州主城区地层物理力学指标

地层名称	黏聚力/kPa	内摩擦角/(°)	承载力特征值/kPa	压缩模量或变形模量/MPa
粉质黏土	20 ~ 30	15 ~ 20	100 ~ 140	4.0 ~ 6.0
圆砾1	0	32 ~ 37	200 ~ 500	15.0 ~ 35.0
圆砾2	0	35 ~ 38	400 ~ 600	30.0 ~ 45.0
圆砾3	0	35 ~ 37	350 ~ 550	30.0 ~ 40.0
全风化砾岩	20 ~ 25	15 ~ 20	200 ~ 300	20.0 ~ 30.0
全风化泥岩	20 ~ 25	15 ~ 20	180 ~ 220	15.0 ~ 25.0
强风化砾岩	25 ~ 30	20 ~ 25	350 ~ 450	30.0 ~ 50.0
强风化泥岩	25 ~ 30	20 ~ 25	280 ~ 320	25.0 ~ 35.0

此区域地下水类型主要为潜水，主要含水层为圆砾层，受大气降水及地下径流的补给。水位埋深一般在地面以下 5 ~ 10 m。水位随季节变化明显，变化幅度为 1 ~ 2 m。

根据收集的地质报告的水质分析结果，此区域地下水氯离子含量大于 100 mg/L，小于 500 mg/L。地下水对混凝土结构有微腐蚀性，对钢筋混凝土结构中的钢筋有弱腐蚀性（干湿交替）。

锦州市主城区整体的浅层工程地质特征主要是从西北侧山区和东南侧低山丘陵区的基岩浅埋区域向小凌河流域逐渐过渡成河流冲积平原区。

锦州市新城区整体的浅层工程地质特征主要为锦州市中南部、西南部的松山新区、经济技术开发区基岩浅埋区域以及锦州市东南部龙栖湾新区的河流冲积平原区，小凌河的入海口区域为河口三角洲。

锦州市的基岩层，中北部以白垩系的泥岩、砂岩、砾岩、页岩、安山岩、流纹岩为主，南部以太古期的片状花岗岩为主。

在基岩上覆盖的地层主要为填土层、第四纪冲积层、残坡积层。

填土层由素填土和杂填土组成，其分布受人类活动影响大，厚度较薄，承载力低，工程性质差，在工程建设中一般属于挖除层。对建筑基础的选型和基坑支护的选型影响都较小。

第四纪冲积层存在于主城区的大部分区域，土性主要为粉质黏土层、砂层、碎石土层。从西北部和东南部低山丘陵区域到小凌河区域，厚度由薄到厚。龙栖湾新区由冲积层和海陆交互相沉积组成。该层是建筑基础的主要接触层，其性质对基础的选型具有决定性作用。

残坡积层存在于主城区市区西北部和中南部、西南部松山新区、经济技术开发区，坡积层主要为粉质黏土，残积层主要为砂质黏性土或砾质黏性土。埋深较浅，是荷载不大的建筑物的浅基础主要持力层。残积层的砂质黏性土或砾质黏性土遇水易软化，在作为基础持力层时应注意防水。

风化岩主要为泥岩、砂岩、砾岩以及花岗岩，局部为安山岩。埋深从主城区西北侧山区向小凌河区域逐渐加深。锦州市中南部、西南部的松山新区、经济技术开发区基岩埋深整体较浅。龙栖湾新区基岩埋深整体较深。风化岩承载力高、工程性能好，对建筑物基础的选型影响较大。从整个锦州市区的分布来看，埋深由浅到深，埋深较浅区域可直接作为建筑物的浅基础主要持力层，过渡区域可以作为建筑物的桩基础持力层，较深区域作为建筑物基础的下卧层。

锦州市的地下水类型主要为松散地层的孔隙潜水、上层滞水、基岩裂隙水三类。松散地层孔隙水主要赋存于冲洪积的砂层和碎石土中，主要接受大气降水和长距离的河流侧向补给。潜水埋深较浅，主城区一般为地面以下5~10 m，龙栖湾新区一般为地面以下1~2 m。上层滞水主要赋存于填土和粉质黏土层中。基岩裂隙水主要赋存于岩层的风化裂隙、构造节理中，主要分布在西北侧山区和中南部、西南部低山丘陵区。

（2）义县：义县境内东部为医巫闾山山脉，南北绵延近50千米，西部属松岭山脉余脉，中部为丘陵状平原。

义县县城南部主要地层，由上而下依次为以下几种。

①杂填土：杂色，松散，湿。主要以黏性土为主，含砖块、碎石等建筑垃圾和杂质。

②耕土：褐色，松散，稍湿，以粉土为主，由植物根系等组成，易坍塌。

③粉质黏土：黄褐色、黄色，软塑~可塑，含少量砂颗粒。

④圆砾：褐色，湿~很湿，稍密~中密，分选较差，磨圆较好，中、粗砂充填。

⑤强风化砂岩：灰、绿色，岩心破碎，岩芯呈2~5 cm块状，手折易断，原岩结构及成分可辨。

义县代表性工程地质剖面图如图3.33所示，地层物理力学指标见表3.32。

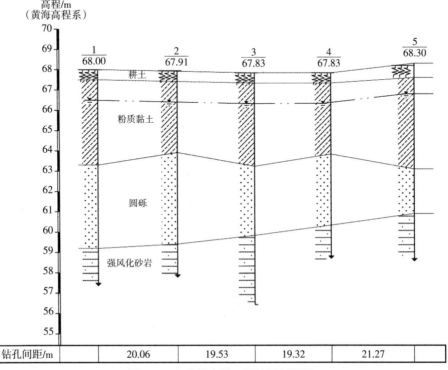

图3.33 义县代表性工程地质剖面图

表3.32　义县地层物理力学指标

地层名称	黏聚力/kPa	内摩擦角/(°)	承载力特征值/kPa	压缩模量或变形模量/MPa
粉质黏土	20~30	10~15	100~120	4.0~6.0
圆砾	0	34~36	300~500	20.0~31.0

此区域地下水类型主要为孔隙潜水,具有一定的承压性,主要赋存在圆砾层中,稳定水位埋深在自然地表下4~5 m左右。年变化幅度1~2 m左右。此区域,局部存在上层滞水。地下水埋深1.00~2.00 m,赋存土层中,主要由大气降水补给,地面径流条件不好,排泄困难,水位受季节影响较大。年变化幅度1~2 m左右。地下水的主要补给来源为大气降水和河流的侧向渗流补给。地下水的排泄方式以地下径流为主。

义县整体的浅层工程地质特征主要是从低山丘陵区域的基岩浅埋区域向大凌河、细河流域逐渐过渡成河流冲积平原区。

义县县城大部分为大凌河冲积平原区,地基土上覆地层成因类型为第四纪冲洪积,下伏为白垩系砂岩。

填土层分布受人类活动影响大,厚度较薄,承载力低,工程性质差,在工程建设中一般属于挖除层,对建筑基础的选型和基坑支护的选型影响都较小。

第四纪冲积层存在于县城的大部分区域,土性主要为粉质黏土层、碎石土层。县城的一般建筑荷载通常都不大,该层是县城内建筑的主要持力层,其性质对基础的选型具有决定性作用。

风化岩主要为砂岩,埋深从南侧向大凌河区域逐渐加深。风化岩承载力高、工程性能好,可以作为建筑物的桩基础持力层,或者下卧层。

义县县城的地下水类型主要为松散地层的孔隙潜水、上层滞水两类。松散地层孔隙水主要赋存于冲洪积的碎石土中,主要接受大气降水和长距离的河流侧向补给。上层滞水主要赋存于填土和粉质黏土层中。

(3)北镇市:北镇市地处辽宁省西部,医巫闾山东麓。西北部为山地丘陵,回环起伏,向东南逐渐过渡成平原区。

以北镇市县城西部、北部为例,主要地层由上而下依次为以下几种。

①杂填土:褐黄色,松散~稍密,湿。主要以黏性土为主,含砂土、砖、碎石等建筑垃圾和杂质。

②粉质黏土:褐黄色,硬可塑,含砂颗粒。包含的亚层和透镜体:粗砂,黄褐色~褐色,稍湿,松散,粒径均匀,级配一般,分选性一般,含少量的砾石。

③残积土:黄褐色,中密,稍湿,花岗岩风化残积土,主要矿物成分石英、长石、云母,呈砾砂状,含少量强风化残块。

④全风化花岗岩:黄褐色,主要矿物成分石英、长石、云母,岩芯结构构造已完全破坏,岩芯呈砂土状。

北镇市代表性工程地质剖面图如图3.34所示，地层物理力学指标见表3.33。

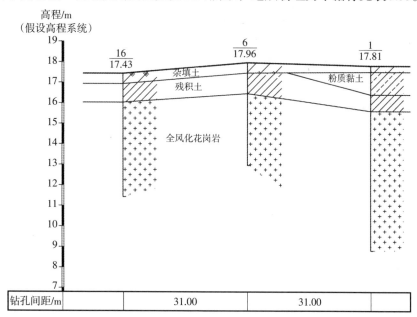

图3.34　北镇市代表性工程地质剖面图

表3.33　北镇市地层物理力学指标

地层名称	黏聚力/kPa	内摩擦角/(°)	承载力特征值/kPa	压缩模量或变形模量/MPa
粉质黏土	20~30	10~15	120~150	5.0~6.0
残积土	25~35	15~23	200~300	5.0~8.0
全风化花岗岩	20~25	15~20	300~400	25.0~40.0

此区域未见浅层地下水。

北镇市整体的浅层工程地质特征主要是从西北部低山丘陵区的基岩浅埋区域向东南侧逐渐过渡成河流冲积平原区。

北镇市城区大部分为山前冲洪积平原。场地地层岩性主要为第四系冲洪积粉质黏土和燕山期的花岗岩。

填土层分布受人类活动影响大，厚度较薄，承载力低，工程性质差，在工程建设中一般属于挖除层，对建筑基础的选型和基坑支护的选型影响都较小。个别填土较厚区域对建筑基础的选型和基坑支护的选型有一定影响。

第四纪冲积层存在于县城的大部分区域，土性主要为粉质黏土层和砂土层，是荷载不大的建筑物的主要持力层，其性质对基础的选型具有决定性作用。

残坡积层存在于县城的大部分区域，坡积层主要为粉质黏土，残积层主要为砂质黏性土或砾质黏性土。在埋深较浅区域，是建筑物的浅基础主要持力层。残积层的砂质黏性土或砾质黏性土遇水易软化，在作为基础持力层时应注意防水。

风化岩主要为花岗岩，埋深从西北部向东南侧逐渐加深。风化岩承载力高、工程性能好，可以作为建筑物的桩基础持力层，或者下卧层。

北镇市县城的浅层地下水资源匮乏，大部分浅层区域未见地下水。

（4）黑山县：黑山县位于锦州市东北端，西部、北部为丘陵，是医巫闾山的一部分，中部、南部为开阔的平原。

以黑山县城中部为例，主要地层由上而下依次为以下几种。

①杂填土：黄褐色，稍密，湿。主要以黏性土为主，含碎石、砖块等建筑垃圾和杂质。

②粉质黏土：黄褐色，可塑。中等压缩性，含砂颗粒。

③膨胀土：紫红色，可塑～硬塑。火山灰成因，伊～蒙脱石膨胀土，低～中等膨胀潜势，高压缩性。晒干后散裂成小碎块状。

④全风化凝灰岩：紫红色，全风化安山质火山凝灰岩，碎屑结构，层理构造，呈粉土状，含强风化残块。

黑山县代表性工程地质剖面图如图3.35所示，地层物理力学指标见表3.34。

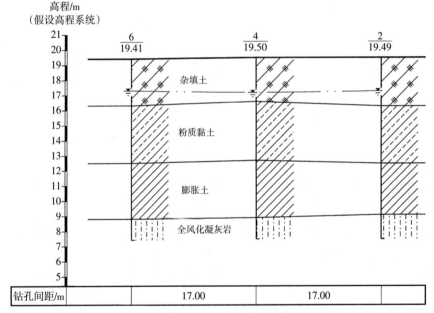

图3.35 黑山县代表性工程地质剖面图

表3.34 黑山县地层物理力学指标

土层名	黏聚力/kPa	内摩擦角/(°)	承载力特征值/kPa	压缩模量或变形模量/MPa
粉质黏土	20～30	10～15	100～130	4.0～6.0
膨胀土	30～40	10～15	140～180	3.0～5.0
全风化凝灰岩	20～25	15～20	200～300	15.0～25.0

此区域地下水类型属上层滞水，水位埋深在自然地表下1～3 m，主要赋存在杂填土层中，本场区的水位较稳定，年变化幅度1.0～2.0 m。地下水的主要补给来源为大气

降水以及附近下水管道的渗漏。地下水的排泄方式以地下径流为主。

黑山县整体的浅层工程地质特征主要是从西北部低山丘陵区的基岩浅埋区域向东南侧逐渐过渡成河流冲积平原区。

黑山县城大部分为冲积平原。场地地层岩性主要为第四系冲洪积粉质黏土、砂土和侏罗系的凝灰岩。

填土层分布受人类活动影响大，厚度较薄，承载力低，工程性质差，在工程建设中一般属于挖除层，对建筑基础的选型和基坑支护的选型影响都较小。个别填土较厚区域对建筑基础的选型和基坑支护的选型有一定影响。

第四纪冲积层存在于县城的大部分区域，土性主要为粉质黏土层和砂土层，是荷载不大的建筑物的主要持力层，其性质对基础的选型具有决定性作用。

残坡积层存在于县城的大部分区域，主要为膨胀土。膨胀土是土中黏粒成分主要由亲水性矿物组成，同时具有显著的吸水膨胀和失水收缩两种变形特性的黏性土。它的主要特征是：① 粒度组成中黏粒（粒径小于0.002 mm）含量大于30%。② 黏土矿物成分中，伊利石、蒙脱石等强亲水性矿物占主导地位。③ 土体湿度增高时，体积膨胀并形成膨胀压力；土体干燥失水时，体积收缩并形成收缩裂缝。④ 膨胀、收缩变形可随环境变化往复发生，导致土的强度衰减。⑤ 属液限大于40%的高塑性土。

在大气影响深度范围内，膨胀土地基受季节性气候影响产生胀缩变形，使建筑物上下反复升降，造成开裂破坏，以低层建筑较为严重。在设计时应充分考虑膨胀土的不利影响。在膨胀土埋深较深区域内，若采用桩基础，应注意其对桩基础的不利影响。

黑山地区膨胀土属伊～蒙脱石膨胀土，与我国其他地区膨胀土有很大区别，它具有含水量高、自由膨胀率大、重度小、孔隙比大、压缩模量小等特点。

风化岩主要为凝灰岩，埋深从西北部向东南侧逐渐加深。风化岩承载力高、工程性能好，可以作为建筑物的桩基础持力层，或者下卧层。

黑山县城的地下水类型主要为松散地层的孔隙潜水、上层滞水两类。松散地层孔隙水主要赋存于冲洪积的粉土、粉砂中，主要接受大气降水和长距离的河流侧向补给。上层滞水主要赋存于填土和粉质黏土层中。

（5）凌海市：凌海市境内的山脉为松岭山余脉和医巫闾山山脉。两条山脉分别从东西两个方向延伸至凌海市的西部、北部。大凌河以西为松岭山余脉，大凌河以东为医巫闾山山脉。

以凌海市城区东部为例，主要地层由上而下依次为以下几种。

① 素填土：褐色，黄色，稍湿，松散，以黏性土为主，混植物根系、小砾石等。

② 粉土：黄褐色，稍湿，稍密，略有砂感。

③ 粉质黏土：黄褐色，软塑～可塑。

④ 细砂：黄褐色，松散～稍密，饱和，局部混土、小砾石。

⑤ 圆砾：褐色，很湿～饱和，稍密～中密，分选较差，磨圆较好。

⑥ 强风化花岗岩：黄褐色、间杂白色，岩心呈碎块状，块度为2～5 cm，手折易

断，组织结构部分破坏，矿物成分显著变化，风化裂隙很发育。

凌海市代表性工程地质剖面图如图3.36所示，地层物理力学指标见表3.35。

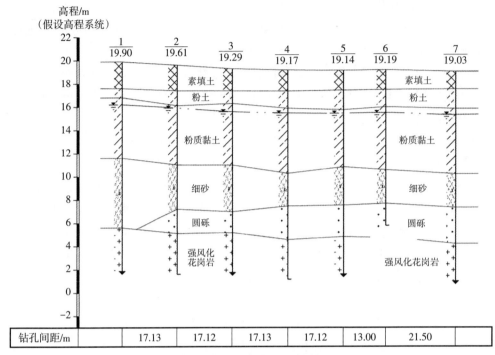

图3.36 凌海市代表性工程地质剖面图

表3.35 凌海市地层物理力学指标

地层名称	黏聚力/kPa	内摩擦角/(°)	承载力特征值/kPa	压缩模量或变形模量/MPa
粉土	13 ~ 20	10 ~ 20	100 ~ 120	4.0 ~ 6.0
粉质黏土	20 ~ 30	10 ~ 15	100 ~ 130	4.0 ~ 6.0
细砂	0	21 ~ 23	100 ~ 140	8.0 ~ 10.0
圆砾	0	32 ~ 36	200 ~ 500	15.0 ~ 30.0
强风化花岗岩	25 ~ 30	20 ~ 25	300 ~ 500	40.0 ~ 80.0

此区域地下水类型主要为潜水，地下水埋深水位2.0 ~ 4.0 m，赋存于细砂、圆砾层中，有承压性，受大气降水补给，水位受季节影响较大，年水位变幅1.00 ~ 2.00 m。

凌海市整体的浅层工程地质特征主要是从西北部低山丘陵区的基岩浅埋区域向东南侧逐渐过渡成河流冲积平原区。

凌海市城区大部分为西北侧低山残丘向东南侧过渡成冲积平原。场地地层岩性主要为第四系冲洪积粉质黏土和燕山期的花岗岩。

填土层分布受人类活动影响大，厚度较薄，承载力低，工程性质差，在工程建设中一般属于挖除层，对建筑基础的选型和基坑支护的选型影响都较小。个别填土较厚区域对建筑基础的选型和基坑支护的选型有一定影响。

第四纪冲积层存在于县城的大部分区域，土性主要为粉质黏土层和砂土层，是荷载不大的建筑物的主要持力层，其性质对基础的选型具有决定性作用。

残坡积层存在于县城的大部分区域，坡积层主要为粉质黏土，残积层主要为砂质黏性土或砾质黏性土。在埋深较浅区域，是建筑物的浅基础主要持力层。残积层的砂质黏性土或砾质黏性土遇水易软化，在作为基础持力层时应注意防水。

风化岩主要为花岗岩，埋深从西北部向东南侧逐渐加深。风化岩承载力高、工程性能好，可以作为建筑物的桩基础持力层，或者下卧层。

凌海市城区的地下水类型主要为松散地层的孔隙潜水、上层滞水两类。松散地层孔隙水主要赋存于冲洪积的粉土、粉砂中，主要接受大气降水和长距离的河流侧向补给。上层滞水主要赋存于填土和粉质黏土层中。

3.4　辽宁东部山地区工程地质特性

辽宁东部山地区包括抚顺市和本溪市。

3.4.1　抚顺市

（1）抚顺市主城区：抚顺地区位于华北地台的北缘，铁岭—靖宇古隆起的西部，南邻太子河古坳陷，北接蒙黑海西褶皱带，地质历史处于长期隆起的地位。地质构造属于阴山东西复杂构造带的东延部位，是新华夏系第二个巨型隆起带（即长白山脉的交接地带）。地质构造复杂，构造分东西向构造（即新华夏系构造）、山字型构造及北西向构造和南北构造等。

抚顺属华北台背斜区，浑河大断层为郯庐断层的北部延续，呈东西方向横贯全市，以浑河大断裂为界，浑河北属于铁岭—清原隆起，浑河南属于抚顺—新宾隆起，而且浑河南隆起较大，基底岩石出露较广。因此，抚顺的地貌特征是：以山地为基础，以贯穿本区的浑河谷为骨架，以众多的山间沟谷为网络的山地、河床、沟谷交织的自然景观和东南高、西北低、中间地带起伏不平的低山丘陵及狭长河谷平原。

区域地层为太古界的变质岩，勘察区内钻探发现基底岩为黄褐色混合岩。上覆第四系地层，主要由冲积、洪积、坡积形成。抚顺市主城区主要地层如下：

①杂填土：杂色，松散，稍湿，钻探揭露层厚0.7～3.4 m。

②粉质黏土：灰黑色，软塑，湿，钻探揭露层厚0.5～1.2 m。

③粗砂：黄褐色，松散，稍湿～饱和，钻探揭露层厚0.5～2.2 m。

④中砂：黄褐色，松散，稍湿～饱和，钻探揭露层厚0.5～1.0 m。

⑤圆砾1：黄褐色，稍密，饱和，钻探揭露层厚0.5～2.3 m。

⑥圆砾2：黄褐色，中密，饱和，钻探揭露层厚0.6～1.9 m。

⑦强风化混合岩：黄褐～灰绿色，钻探深度范围内层厚4.0～5.6 m。

抚顺市主城区代表性工程地质剖面图如图3.37所示，地层物理力学指标见表3.36。

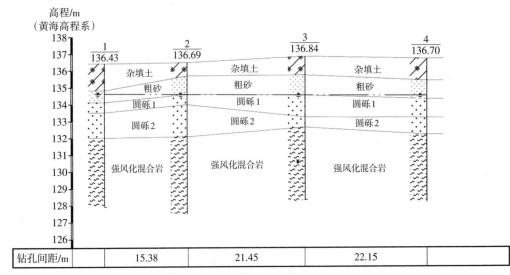

图3.37 抚顺市主城区代表性工程地质剖面图

表3.36 抚顺市主城区地层物理力学指标

地层名称	黏聚力/kPa	内摩擦角/(°)	承载力特征值/kPa	压缩模量（平均值）或变形模量/MPa
粉质黏土	16~19	8~12	70~90	3.5~4.5
中砂	0	14~18	110~130	11~13
粗砂	0	30~33	60~80	6~9
圆砾1	0	23~26	210~230	22~28
圆砾2	0	32~36	350~450	36~43
强风化混合岩		34~38	450~550	

场地地下水类型主要为潜水，主要赋存于粉质黏土、粗砂、中砂、圆砾及混合岩层中，含水层厚度2.0 m左右。

天然条件下地下水的补给来源主要为侧向径流及大气降水。主要排泄方式为人工开采及侧向径流排泄。由于勘查场地临近苏子河，地下水与其有水力联系，两者呈互补关系。

地下水水量丰富，水位埋深1.6~2.4 m，实测稳定地下水位标高134.50 m左右，据调查访问，由于受浑河水位影响，地下水位变幅较大，年平均变幅1.0~2.0 m，场地抗浮水位可按136.20 m考虑。

抚顺市地形地貌主要为低山丘陵。市区主要位于低山丘陵之间的狭长的浑河冲积平原上，两侧与低山丘陵区相连。

距离浑河较近区域，第四纪冲洪积层较厚，主要由黏性土、砂土、碎石土组成。对于荷载不大的建筑物可采用浅基础，以黏性土层和上部砂层为基础持力层。荷载较大的建筑可以采用筏板基础，以中密~密实的砂土层作为基础持力层；也可采用桩基础，以下部砂土层和碎石土层为桩端持力层。

两侧的低山丘陵区域存在残坡积层，建筑物可以采用浅基础以残坡积形成的黏性土层为基础持力层，但是需注意防水，因为残积形成的黏性土遇水易软化。同时，此区域风化岩埋深较浅，风化岩承载力高、工程性能好，可以作为建筑物的浅基础主要持力层以及大型建筑物的桩端持力层。向浑河的过渡区域砂土层、碎石土层较薄，风化岩也可作为建筑物的桩端持力层。

抚顺市区的地下水类型主要为松散地层的孔隙潜水、上层滞水。孔隙潜水主要赋存于冲洪积的砂土层、碎石土层中，主要接受大气降水和长距离的河流侧向补给。上层滞水主要赋存于填土和粉质黏土层中。

（2）新宾满族自治县：主要地层：在勘探深度范围内，场地地层主要由第四系全新统杂填土、粉质黏土、碎石土及白垩系上白垩统页岩地层组成。地层划分主要考虑成因、时代以及岩性，划分依据根据野外原始编录、土工试验，同时参照原位测试指标的变化。场地地层现分述如下：

① 杂填土：杂色，松散，稍湿，钻探揭露厚度2.1～4.9 m。

② 粉质黏土：黄褐色，可塑，湿，钻探揭露层厚0.6～1.5 m。

③ 圆砾：黄褐色，中密，饱和，钻探揭露层厚0.5～3.0 m。

④ 强风化页岩：棕红色，呈碎块状，易碎，属极软岩，钻探深度范围内层厚5.6～7.3 m。

新宾满族自治县代表性工程地质剖面图如图3.38所示，地层物理力学指标见表3.37。

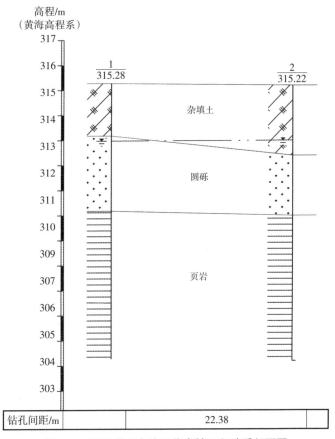

图3.38　新宾满族自治县代表性工程地质剖面图

表3.37　新宾满族自治县地层物理力学指标

地层名称	黏聚力/kPa	内摩擦角/(°)	承载力特征值/kPa	压缩模量(平均值)或变形模量/MPa
杂填土	8~12	8~10		
粉质黏土	22~24	17~19	100~120	3.9~4.6
圆砾	0	35~38	380~420	35~42
强风化页岩	8~12	38~42	380~420	42~49

新宾满族自治县位于辽东山地丘陵的北部,主要为低山丘陵。县城位于低山丘陵之间的小型的苏子河冲积平原。上覆地层为黏性土和碎石土层,黏性土层较薄;下部为风化岩,风化岩埋深较浅。建筑物可以采用浅基础以碎石土层和风化岩为基础持力层。

新宾满族自治县的地下水类型主要为孔隙潜水。孔隙潜水主要赋存于碎石土层中,主要接受大气降水和长距离的河流侧向补给。

3.4.2　本溪市

本溪市包括本溪市区、本溪满族自治县和桓仁满族自治县。

3.4.2.1　地质构造概况

本溪市中部东西向地表出露主要是古生代台凹沉积的页岩、粉砂岩、泥灰岩、灰岩和薄煤层。因流水侵蚀而形成绝对高度100~350 m、相对高差10~100 m的低缓山地侵蚀地貌;在厚层灰岩分布区则形成了溶洞、地下河发育的喀斯特地貌。北部东西向中低山地丘陵侵蚀地貌,地质构造位置正对应于太子河凹陷与抚顺凸起和龙岗断凸的衔接部位。地表出露的主要岩石,有混合花岗岩、层页岩和泥灰岩。南部东西向中高山地丘陵侵蚀地貌地质构造位置处于太子河凹陷与凤城凸起的衔接部位。地表出露的岩石主要有花岗杂岩体。西部晚元古界石英砂岩、砂岩分布区的岩层产状多半呈水平,被断层切割及流水侵蚀而形成了峭壁悬崖、石峰林立的丹霞地貌。东部火山岩地貌位于太子河—浑江台陷的东部,包括桓仁凸起和龙岗断凸的南部地区。出露岩石主要是安山岩、玄武岩、流纹岩、凝灰岩及火山碎屑岩等火山岩系。

3.4.2.2　主要地质情况

(1) 主城区(溪湖区、明山区、平山区、南芬区)。

① 主要地层:

A. 杂填土:由碎砖、石块等建筑垃圾混黏性土等组成,层厚0.80~4.60 m。

B. 粉质黏土:黄褐色,湿,软塑,层厚0.90~3.30 m。

C. 细砂:黄褐色,饱和,稍密,层厚0.80~5.60 m。

D. 卵石:黄褐色,饱和,稍密,层厚0.60~5.10 m,未穿透该层。

E. 强风化砂岩：褐色，强风化，砂质结构，层状构造。为较软岩，岩体基本质量等级为Ⅳ级，层厚大于3.00 m，未穿透该层。

F. 中风化砂岩：褐色，中风化，为较硬岩，岩体基本质量等级为Ⅲ级。层厚不小于4.00 m，未穿透该层。

G. 全风化花岗岩：黄褐色，结构基本破坏，有残余结构强度，干钻可钻进，层厚1.70～6.50 m。

H. 强风化花岗岩：灰白色，强风化。块状构造，岩体基本质量等级为Ⅴ级，为软岩，层厚不小于1.25 m，未穿透该层。

I. 中风化花岗岩：灰白色，中风化，粒状结构，块状构造，岩体基本质量等级为Ⅲ级，为较硬岩，层厚不小于3.00 m，未穿透该层。

J. 全风化页岩：灰紫色，泥质结构，层厚0.70～2.10 m。

K. 强风化页岩：灰紫色，泥质结构，薄层状构造。属软岩，岩体基本质量等级为Ⅴ级，层厚1.00～3.40 m。

L. 中风化页岩：紫色，泥质结构，薄层状构造。属软岩，岩体基本质量等级为Ⅳ～Ⅴ级。层厚不小于8.20 m，未穿透该层。

M. 强风化石灰岩：灰色，隐晶质结构，中厚层状构造。层厚0.80～1.60 m。

N. 中风化石灰岩：灰色，隐晶质结构，致密块状及中厚层状构造。属较硬岩，岩体基本质量等级为Ⅲ级。层厚不小于3.00 m，未穿透该层。

O. 强风化凝灰岩：紫红色，凝灰质结构，巨厚层状构造。属软岩类，岩体基本质量等级为Ⅴ级，层厚0.60～7.70 m。

P. 中风化凝灰岩：灰紫色，凝灰质结构，巨厚层状构造。属较软岩，岩体基本质量等级为Ⅳ级，层厚不小于5.00 m，未穿透该层。

Q. 全风化板岩：灰色～褐色，层状结构，极软岩，岩体基本质量等级为Ⅴ级，层厚0.70～10.00 m。

R. 强风化板岩：灰色～褐色，层状结构，软岩，岩体基本质量等级为Ⅳ级，层厚0.70～7.60 m。

S. 中风化板岩：灰色，层状结构，较硬岩、岩体基本质量等级为Ⅲ级。层顶高程169.69～181.11 m。

本溪主城区代表性工程地质剖面图如图3.39所示，地层物理力学指标见表3.38。

② 地下水情况：地下水主要类型分为潜水和上层滞水，潜水主要赋存于细砂、卵石层中，上层滞水主要赋存于杂填土层中。主要受大气降水、河流垂直及侧向的渗透补给，水位及水量随大气降水及周边地表水量的影响而波动。由于本地地层节理裂隙发育较好，地下水赋存条件较好，基岩裂隙水埋藏条件因地势高低和地层岩性不同差别较大。本区基岩裂隙水补给来源主要为大气降水，地下水位埋深多大于5 m，且随地形变化，对混凝土一般不具侵蚀性。

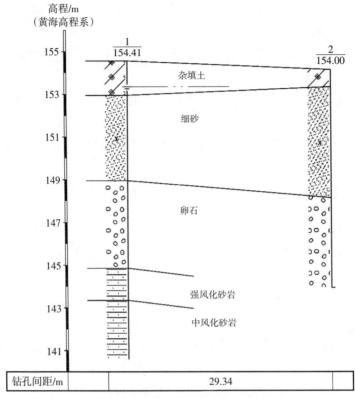

图3.39　本溪主城区代表性工程地质剖面图

表3.38　本溪主城区地层物理力学指标

地层名称	黏聚力/kPa	内摩擦角/(°)	承载力特征值/kPa	压缩模量或变形模量/MPa
粉质黏土	20.0~22.0	5.0~8.0	130~150	4.0~6.0
细砂	0	20.0~25.0	150~170	12.0~14.0
卵石	0	30.0~35.0	350~400	25.0~30.0
强风化砂岩			400~450	35.0~40.0
中风化砂岩			800~1000	80.0~85.0
全风化花岗岩			250~300	30.0~35.0
强风化花岗岩			500~600	35.0~40.0
中风化花岗岩			900~1100	45.0~50.0
全风化页岩			200~250	15.0~20.0
强风化页岩			250~300	25.0~30.0
中风化页岩			600~700	40.0~45.0

表3.38（续）

地层名称	黏聚力/kPa	内摩擦角/(°)	承载力特征值/kPa	压缩模量或变形模量/MPa
强风化石灰岩			350～400	30.0～35.0
中风化石灰岩			800～1000	40.0～45.0
强风化凝灰岩			300～400	30.0～35.0
中风化凝灰岩			800～1000	50.0～55.0
全风化板岩			350～400	30.0～35.0
强风化板岩			400～500	35.0～40.0
中风化板岩			1000～1200	60.0～65.0

③ 本区工程地质特性：

A. 杂填土：土质不均匀，固结程度较差，不宜做建筑物持力层。

B. 粉质黏土：软塑状态，承载力低，不宜做建筑物持力层，如选用此层位作为持力层时，应进行不均匀沉降验算。

C. 细砂：稍密状态，该层承载力较低，可以做建筑物持力层。

D. 卵石：稍密状态，该层承载力较好，为良好的地基持力层。

E. 强风化砂岩：属软岩类，具有一定的承载力且物理力学性质变异性较小，该层为良好的地基持力层。

F. 中风化砂岩：属较软岩类，具有较高的承载力，该层为很好的地基持力层。

G. 全风化花岗岩：埋深浅，力学强度较高，可以作为基础持力层。

H. 强风化花岗岩：埋深浅，力学强度较高，可以作为基础持力层。

I. 中风化花岗岩：埋深浅，力学强度高，可以作为基础持力层。

J. 全风化页岩：埋深浅，力学强度较高，可以作为基础持力层。

K. 强风化页岩：埋深浅，力学强度较高，可以作为基础持力层。

L. 中风化页岩：力学性质变异性小，承载力高，为良好的地基基础持力层。

M. 强风化石灰岩：埋深浅，力学强度较高，可以作为基础持力层。

N. 中风化石灰岩：力学性质变异性小，承载力高，为良好的地基基础持力层。

O. 强风化凝灰岩：力学性质变异性小，承载力高，为良好的地基基础持力层。

P. 中风化凝灰岩：力学性质变异性小，承载力高，为良好的地基基础持力层。

Q. 全风化板岩：力学性质变异性小，承载力高，为良好的地基基础持力层。

R. 强风化板岩：力学性质变异性小，承载力高，为良好的地基基础持力层。

S. 中风化板岩：力学性质变异性小，承载力高，为良好的地基基础持力层。

大部分场地内及其附近无不良地质作用，地层较稳定，承载力较高，适宜本工程建设。局部发现石灰岩层中见有小型溶洞，充填物为黏性土，存在小型断裂构造，该断层最新活动出现在中更新世中期，距今35万～38万年，为非全新断裂，可不考虑断裂构造对本工程的影响。大部分地区场地地形起伏较大，地层分布不均匀。

浅部地层主要为耕土、填土、粉质黏土、细砂、卵石、全风化、强风化及中风化各种岩层，地层条件较复杂。基岩埋藏较深，卵石、全风化、强风化、中风化岩层天然承载力较高，层位及厚度较稳定，为良好的基础持力层。

（2）本溪满族自治县。

① 主要地层：

A. 杂填土：由碎砖、石块等建筑垃圾混黏性土等组成，层厚0.50～4.80 m。

B. 中砂：黄色，湿～很湿，稍密，层厚1.50～1.90 m。

C. 圆砾：灰褐色，饱和，稍密，层厚2.00～2.20 m。

D. 卵石：黄色，湿，稍密，层厚0.50～1.50 m。

E. 强风化花岗岩：灰白色，中粒结构，块状构造。较软岩，岩体基本质量等级为Ⅳ级，揭露厚度0.60 m。

F. 中风化花岗岩：灰白色，中风化，中粒结构，块状构造。属较硬岩石，岩体基本质量等级为Ⅴ级，层厚1.20 m。

G. 中风化石灰岩：灰色，块状结构，中厚层状构造。属较硬岩，岩体基本质量等级为Ⅲ级。

H. 强风化砂岩：灰黄色，细粒结构，块状构造。属软岩，岩体基本质量等级为Ⅴ级，厚度0.90～5.50 m。

I. 中风化砂岩：黑色，砂质结构，中薄层状构造。属较软岩，岩体基本质量等级为Ⅳ级，该层未穿透。

J. 微风化砂岩：灰色，细粒砂质结构，中薄层状构造。属较硬岩，岩体基本质量等级为Ⅳ级。

K. 强风化板岩：灰褐色，泥质结构，中薄层状构造。属软岩，岩体基本质量等级为Ⅴ级，最大揭露深度7.70 m。

L. 强风化页岩：黄色～紫红色，泥质结构，页理构造。属软岩，岩体基本质量等级为Ⅴ级。该层最大厚度为0.50 m，最小厚度为0.40 m。

M. 中风化页岩：黄色～紫红色，泥质结构，页理构造。属软岩，岩体基本质量等级为Ⅳ级。最大揭露深度2.90 m，该层未穿透。

本溪满族自治县代表性工程地质剖面图如图3.40所示，地层物理力学指标见表3.39。

② 地下水情况：地下水主要类型分为潜水和上层滞水，潜水主要赋存于中砂、卵石层中，上层滞水主要赋存于土层中。主要受大气降水、河流垂直及侧向的渗透补给，水位及水量随大气降水及周边地表水量的影响而波动。由于本地地层节理裂隙较发育，地下水赋存条件较好，基岩裂隙水埋藏条件因地势高低和地层岩性不同差别较大。

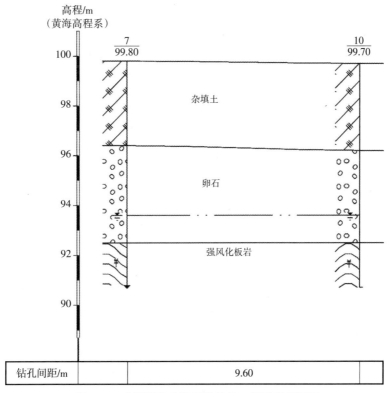

图3.40 本溪满族自治县代表性工程地质剖面图

表3.39 本溪满族自治县地层物理力学指标

地层名称	黏聚力/kPa	内摩擦角/(°)	承载力特征值/kPa	压缩模量或变形模量/MPa
中砂	0	30.0 ~ 35.0	140 ~ 150	7.0 ~ 9.0
圆砾	0	40.0 ~ 45.0	200 ~ 250	15.0 ~ 20.0
卵石	0	40.0 ~ 45.0	350 ~ 400	30.0 ~ 35.0
强风化花岗岩			500 ~ 600	35.0 ~ 40.0
中风化花岗岩			900 ~ 1100	45.0 ~ 50.0
中风化石灰岩			800 ~ 1000	40.0 ~ 45.0
强风化砂岩			400 ~ 600	35.0 ~ 40.0
中风化砂岩			800 ~ 1000	80.0 ~ 85.0
微风化砂岩			1500 ~ 1800	80.0 ~ 85.0
强风化板岩			400 ~ 500	35.0 ~ 40.0
强风化页岩			250 ~ 300	25.0 ~ 30.0
中风化页岩			600 ~ 800	40.0 ~ 45.0

本区环境类型为Ⅱ类。根据水质分析结果，在干湿交替作用时，地下水对钢筋混凝土有微腐蚀性，对钢结构及钢筋混凝土中钢筋有弱腐蚀性。根据土质易溶盐分析结果，综合确定土对钢筋混凝土有弱腐蚀性，对钢结构及钢筋混凝土中钢筋有微腐蚀性。

③ 本区工程地质特性：

A. 杂填土：土质不均匀，固结程度较差，不宜做建筑物持力层。

B. 中砂：稍密状态，该层承载力较低，可以作为建筑物持力层。

C. 圆砾：稍密状态，该层承载力较好，为良好的地基持力层。

D. 卵石：稍密状态，该层承载力较好，为良好的地基持力层。

E. 强风化花岗岩：埋深浅，力学强度较高，可以作为基础持力层。

F. 中风化花岗岩：埋深浅，力学强度高，可以作为基础持力层。

G. 中风化石灰岩：力学性质变异性小，承载力高，为良好的地基基础持力层。

H. 强风化砂岩：属软岩类，具有一定的承载力且物理力学性质变异性较小，该层为良好的地基持力层。

I. 中风化砂岩：属较软岩类，具有较高的承载力，该层为很好的地基持力层。

J. 微风化砂岩：属较软岩类，具有较高的承载力，该层为很好的地基持力层。

K. 强风化板岩：属较软岩类，具有较高的承载力，该层为很好的地基持力层。

L. 强风化页岩：埋深浅，力学强度较高，可以作为基础持力层。

M. 中风化页岩：力学性质变异性小，承载力高，为良好的地基基础持力层。

勘察范围内未发现不良地质作用发育，场地内无全新活动断裂，未发现埋藏的河道、沟浜、墓穴、防空洞、孤石等对工程不利的埋藏物。场地土层分布不均匀，在载荷均匀的情况下易产生不均匀沉降，设计和施工过程中应采取有效措施（如增加基础刚度等）防止建筑产生不均匀沉降。下伏基岩埋深变化较大，属土岩不均匀地基，故场地地基土均匀性较差。大部分地区场地地形起伏较大，地层分布不均匀。

（3）桓仁满族自治县。

① 主要地层：

A. 杂填土：由碎砖、石块等建筑垃圾混黏性土等组成，层厚 1.50 ~ 3.70 m。

B. 粉质黏土：黄褐色，稍湿，可塑，层厚 2.30 ~ 3.60 m。

C. 细砂：黄褐色，湿，稍密，层厚 3.30 ~ 4.80 m。

D. 卵石：黄褐色，稍湿，稍密，层厚 0.90 ~ 1.80 m。

E. 强风化石英岩：灰白色 ~ 红褐色，砂质结构，薄层状构造。为较软岩，岩体基本质量等级为 V 级，层厚 0.50 ~ 1.60 m。

F. 中风化石英岩：红褐色 ~ 青灰色，砂质结构，中厚层状构造。为较硬岩，岩体基本质量等级为 III 级，厚度不小于 6.0 m。

G. 强风化流纹岩：灰褐色，强风化，隐晶质结构，流纹状构造。岩体基本质量等级为 V 级，为较软岩，层厚不小于 3.00 m。

H. 中风化流纹岩：褐色，中风化，微密隐晶质结构，流纹状构造。岩体基本质量等级为 III 级，为较硬岩，层厚不小于 4.00 m。

I. 强风化安山岩：灰紫色，强风化，微密隐晶质结构，块状构造。岩体基本质量等级为 V 级，为软岩，层厚不小于 3.00 m。

J. 中风化安山岩：紫色，中风化，致密隐晶质结构，大块状构造。岩体基本质量等级为Ⅲ级，为较硬岩，层厚不小于4.00 m。

桓仁满族自治县代表性工程地质剖面图如图3.41所示，地层物理力学指标见表3.40。

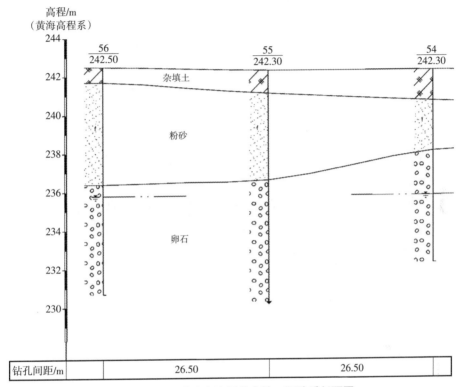

图3.41 桓仁满族自治县代表性工程地质剖面图

表3.40 桓仁满族自治县地层物理力学指标

地层名称	黏聚力/kPa	内摩擦角/(°)	承载力特征值/kPa	压缩模量或变形模量/MPa
粉质黏土	20.0 ~ 22.0	10.0 ~ 12.0	150 ~ 170	6.0 ~ 8.0
细砂	0	15.0 ~ 20.0	120 ~ 140	8.0 ~ 10.0
卵石	0	20.0 ~ 25.0	350 ~ 400	25.0 ~ 30.0
强风化石英岩			600 ~ 800	40.0 ~ 45.0
中风化石英岩			1500 ~ 1800	50.0 ~ 55.0
强风化流纹岩			500 ~ 700	35.0 ~ 40.0
中风化流纹岩			1000 ~ 1200	45.0 ~ 50.0
强风化安山岩			500 ~ 600	35.0 ~ 40.0
中风化安山岩			1000 ~ 1200	45.0 ~ 50.0

② 地下水情况：地下水类型为孔隙潜水，赋存于卵石土层，其孔隙连通性良好，主要受大气降水、地表河流垂直及侧向的渗透补给，多以蒸发方式排泄，无统一自由

水面。

风化岩层中，节理裂隙较发育，地下水赋存条件较好，基岩裂隙水发育，其埋藏条件因地势高低和地层岩性不同差别较大。本区基岩裂隙水补给来源主要为大气降水，地下水位埋深多大于5 m，且随地形变化，对混凝土一般不具侵蚀性。

③ 本区工程地质特性：

A. 杂填土：土质不均匀，固结程度较差，不宜做建筑物持力层。

B. 粉质黏土：性质一般，该层承载力较低，可以作为建筑物持力层。

C. 细砂：稍密状态，该层承载力较低，可以作为建筑物持力层。

D. 卵石：稍密状态，该层承载力较好，为良好的地基持力层。

E. 强风化石英岩：属软岩类，具有一定的承载力且物理力学性质变异性较小，该层为良好的地基持力层。

F. 中风化石英岩：属软岩类，具有一定的承载力且物理力学性质变异性较小，该层为良好的地基持力层。

G. 强风化流纹岩：埋深浅，力学强度较高，可以作为基础持力层。

H. 中风化流纹岩：埋深浅，力学强度较高，可以作为基础持力层。

I. 强风化安山岩：埋深浅，力学强度较高，可以作为基础持力层。

J. 中风化安山岩：埋深浅，力学强度较高，可以作为基础持力层。

3.4.2.3　本溪地区浅层工程地质特性总体特点

本溪地区为辽东中部的东部山区，属于长白山脉的西南延续部，地势由东向西南、西、西北逐渐倾斜，地形总体上呈现东高西低，东西与北西、北东向构造纵横交错形成网格状格架的山地丘陵特色。

地下水类型为滞水、孔隙潜水和节理裂隙水，主要受大气降水、地表河流垂直及侧向的渗透补给，多以蒸发方式排泄，无统一自由水面。风化岩层中，节理裂隙较发育，地下水赋存条件较好，基岩裂隙水发育，其埋藏条件因地势高低和地层岩性不同差别较大。本区基岩裂隙水补给来源主要为大气降水，地下水位埋深多大于5 m，且随地形变化，对混凝土一般不具侵蚀性。

3.5　辽宁滨海区工程地质特性

辽宁滨海区包括营口市、盘锦市和丹东市。

3.5.1　营口市

营口市下辖主城区（站前区、西市区、老边区）、鲅鱼圈区、大石桥市、盖州市。

营口市位于渤海辽东湾东岸，大辽河入海处，处于温带东亚季风气候带，地貌特征大体上为海滨和河谷堆积平原，出露的地层有前震旦系地层、震旦系地层，形成鲅鱼圈北部及二台子乡的低山丘陵地形。沿海地区形成海相沉积层，岩性为亚黏土、淤泥、细砂和粉砂等，分布于滨海地带，在海滨带形成沙质细腻、海水洁净的海滨沙滩，在构造上，本区属滨太平洋断裂系的NE向断裂带。营口地区的线性构造和环形构造按其线性断裂的展布方向，划分了5个线性断裂构造带，营口地区地震活动明显受北东、北西向活动断裂的控制，前者对破坏性地震的空间分布和迁移起着控制作用，后者常与发震的具体部位密切相关。

（1）营口市主城区（站前区、老边区、西市区）。根据营口市近30年的城市建设勘察资料，在基岩之上覆盖的地层自上而下主要为以下几种。

①填土层：由素填土和杂填土组成，其分布受人类活动影响较大，厚度在0.5～5.0 m，杂色，主要以黏性土为主，含碎石、砖头、混凝土块、炉渣、塑料等建筑垃圾和生活垃圾，局部含淤泥，分布普遍。渗透性较好，结构松散，承载力低，工程性质差，对建筑基础的选型和基坑支护的选型影响都较小。

②粉质黏土1：厚度在0.8～9.0 m，黄褐色，含红褐色氧化铁斑及黑色铁锰质结核。软塑，中～高压缩性，冲积形成，分布普遍。承载力较低，该层是浅基础选型的主要持力层，同时也是基坑支护方案的主要地层。

③粉质黏土2：厚度在1.4～6.3 m，灰色，含有少量有机质。软塑，中～高压缩性，土质不均，局部夹有粉砂薄层和透镜体。海陆交互相沉积，分布普遍。承载力较低，是基坑支护方案的主要地层。

④淤泥质粉质黏土：厚度在2.0～17.0 m，灰色～灰黑色，含有贝壳，软塑～流塑，高压缩性。淤泥质土具有强度低、压缩性大、透水性差、渗透性小、触变性、流变性大的特点，同时该层加荷后易变形且不均匀，变形速率大且稳定时间长。地震时易产生震陷、地基失效等灾害。海相沉积，分布普遍。承载力很低，工程性质很差。此层在老边区厚度较大（最厚处大于17.0 m）。作为基坑支护方案的主要地层，应该引起足够的重视。作为浅基础的软弱下卧层，应进行下卧层验算。

⑤粉质黏土与粉砂互层：厚度在0.9～16.0 m，灰色～灰绿色，粉质黏土与粉砂呈薄层互层状分布，软塑状态，中压缩性，承载力较低，是基坑支护方案的主要地层。

⑥粉砂：厚度在1.2～23.0 m，灰色～灰黄色，以长石、石英为主，含少量云母。粒径均匀，中密～密实。性质不均，局部呈细砂状。局部夹粉质黏土、粉土透镜体。海相沉积，分布普遍。承载力较高，工程性质较好，是较好的基础持力层，单桩承载力较高，是基坑支护方案的主要地层。

⑦粉质黏土3：厚度在1.0～18.5 m，灰色～灰绿色，含少量有机质。可塑。中压缩性。海相沉积，分布普遍。工程性质一般，承载力较低。作为基础的软弱下卧层，应进行下卧层验算。

⑧细砂：根据已知的勘探资料，最大揭露厚度为13.0 m，灰白色～黄褐色，以长石、石英为主，含少量云母。粒径均匀，局部夹粉质黏土、粉土透镜体（厚度在0.5～5.0 m），中密～密实。海相沉积，分布普遍。承载力较高，工程性质较好，是较好的基

础持力层，单桩承载力较高。

营口市主城区代表性工程地质剖面图如图3.42和图3.43所示，地层物理力学指标见表3.41。

（2）鲅鱼圈区：根据营口市鲅鱼圈区近20年的城市建设勘察资料可知：鲅鱼圈区在基岩之上覆盖的主要地层自上而下为以下几种。

① 填土层：由素填土和杂填土组成，其分布受人类活动影响较大，厚度在0.5～2.0 m，杂色，主要以黏性土为主，含碎石、砖头、混凝土块、炉渣、塑料等建筑垃圾和生活垃圾，分布普遍。渗透性较好，结构松散，承载力低，工程性质差，对建筑基础的选型和基坑支护的选型影响都较小。

② 粉质黏土1：厚度在0.2～13.4 m，黄褐色，含红褐色氧化铁斑及黑色铁锰质结核。可塑～硬塑，中压缩性。土质不均，局部呈黏土、粉土状。有细砂、中砂夹层（层厚：0.2～4.5 m）。冲积形成，分布普遍。承载力一般，工程性质较差，该层是浅基础选型的主要持力层，同时也是基坑支护方案的主要地层。

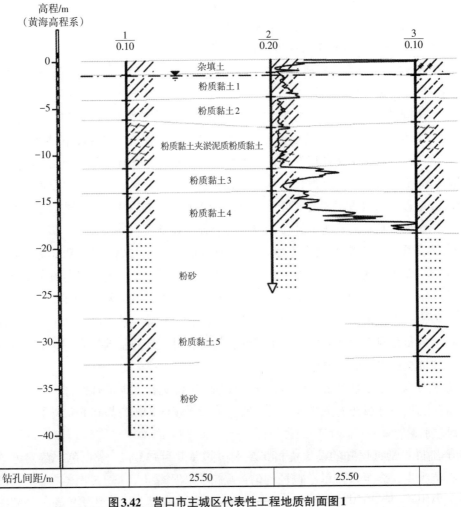

图3.42 营口市主城区代表性工程地质剖面图1

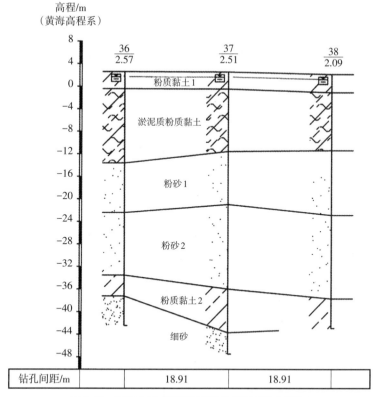

图3.43　营口市主城区代表性工程地质剖面图2

表3.41　营口市主城区地层物理力学指标

地层名称	天然含水量	天然孔隙比	液性指数	黏聚力/kPa	内摩擦角/(°)	压缩(变形)模量/MPa	承载力特征值/kPa
粉质黏土1	26.0% ~ 35.0%	0.7 ~ 1.1	0.5 ~ 1.4	12.0 ~ 35.0	7.0 ~ 26.0	2.5 ~ 7.5	100 ~ 130
粉质黏土2	23.0% ~ 39.0%	0.6 ~ 1.0	0.6 ~ 1.1	6.0 ~ 23.0	17.0 ~ 27.0	3.0 ~ 8.0	100 ~ 120
淤泥质粉质黏土	30.0% ~ 49.0%	0.8 ~ 1.	0.9 ~ 1.6	6.0 ~ 12.0	5.0 ~ 17.0	2.0 ~ 5.0	60 ~ 90
粉质黏土与粉砂互层	26.0% ~ 34.0%	0.7 ~ 0.9	0.6 ~ 0.9	23.0 ~ 27.0	12.0 ~ 21.0	4.0 ~ 7.0	140 ~ 180
粉砂				0	22.0 ~ 27.0	13.0 ~ 26.0	200 ~ 250
粉质黏土3	21.0% ~ 36.0%	0.6 ~ 1.1	0.2 ~ 0.8	20.0 ~ 26.0	8.0 ~ 19.0	3.0 ~ 11.0	160 ~ 180
细砂				0	25.0 ~ 31.0	20.0 ~ 43.0	250 ~ 300

③ 中砂1：厚度在0.4 ~ 10.0 m，黄褐色，中密 ~ 密实，矿物成分以长石、石英为主，含有大量黏性土颗粒，级配较差，局部呈粉砂、细砂、粗砂、砾砂状。局部存在粉质黏土透镜体（层厚0.3 ~ 4.2 m）。冲积形成，分布普遍。承载力较高，工程性质较

好，是基坑支护方案的主要地层。

④ 粉质黏土2：厚度在0.2~8.4 m，黄褐色，可塑，中压缩性。冲积形成，分布普遍。承载力一般，工程性质一般，是基坑支护方案的主要地层。作为基础的软弱下卧层时，应进行下卧层验算。

⑤ 中砂2：厚度在0.4~11.0 m，黄褐色，中密~密实，矿物成分以长石、石英为主，含有大量黏性土颗粒，级配较差，局部呈细砂、粗砂、砾砂状。局部存在粉质黏土透镜体。冲积形成，分布普遍。承载力较高，工程性质较好，是基坑支护方案的主要地层，是较好的基础持力层，单桩承载力较高。

⑥ 粉质黏土3：厚度在0.3~7.0 m，黄褐色~灰色，可塑，中压缩性，分布较普遍。作为基础的软弱下卧层时，应进行下卧层验算。

⑦ 中砂3：根据已知的勘探资料，最大揭露厚度为10.20 m，黄褐色，饱和，以长石、石英为主，含少量云母。粒径均匀，中密~密实。性质不均，局部呈细砂、粗砂状。分布普遍。承载力较高，工程性质较好，是较好的基础持力层，单桩承载力较高。

鲅鱼圈区代表性工程地质剖面图如图3.44所示，地层物理力学指标见表3.42.

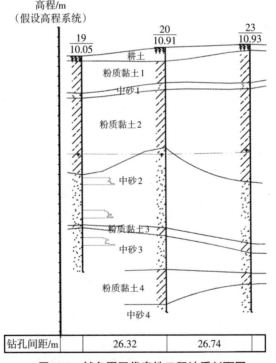

图3.44 鲅鱼圈区代表性工程地质剖面图

表3.42 鲅鱼圈区地层物理力学指标

地层名称	天然含水量	天然孔隙比	液性指数	黏聚力/kPa	内摩擦角/(°)	压缩(变形)模量/MPa	承载力特征值/kPa
粉质黏土1	14%~34%	0.5~0.9	−0.17~0.83	20~10	8.0~21.0	2.4~36.0	180~200

表3.42（续）

地层名称	天然含水量	天然孔隙比	液性指数	黏聚力/kPa	内摩擦角/(°)	压缩（变形）模量/MPa	承载力特征值/kPa
中砂				0	22.0～31.0	13.0～43.0	320～350
粉质黏土2	20%～33%	0.6～0.9	0.14～0.7	18～96	9.0～16.0	3.0～11.0	160～180
中砂				0	22.0～31.0	13.0～43.0	290～400
粉质黏土3	21%～34%	0.6～0.9	0.2～0.9	16～58	6.0～16.0	4.0～13.0	160～180
中砂3				0	20.0～27.0	9.0～26.0	240～280

（3）大石桥市：根据营口市大石桥市近30年的城市建设勘察资料可知：大石桥市的主要地层自上而下为以下几种。

①填土层：由素填土和杂填土组成，其分布受人类活动影响较大，厚度在1.3～4.0 m，杂色，主要以黏性土为主，含碎石、砖头、混凝土块、炉渣、塑料等建筑垃圾和生活垃圾，分布普遍。渗透性较好，结构松散，承载力低，工程性质差，对建筑基础的选型和基坑支护的选型影响都较小。

②粉质黏土1：厚度在1.7～5.0 m，黄褐色～灰褐色～灰黄色，含红褐色氧化铁斑及黑色铁锰质结核。可塑，中压缩性。冲积形成，分布普遍。承载力一般，工程性质较差，该层是浅基础选型的主要持力层，同时也是基坑支护方案的主要地层。

③粉质黏土2：厚度在4.5～18.0 m，黄褐色，可塑，中压缩性。冲积形成，分布普遍。承载力一般，工程性质较差，是基坑支护方案的主要地层。

④粉质黏土3：厚度在1.7～5.0 m，黄褐色～灰黄色，可塑，中压缩性。该层局部地段含有20%～30%角砾，粒径大小为3～15 mm，最大粒径为25 mm。冲积形成，分布普遍。承载力一般，工程性质较差，是基坑支护方案的主要地层。

⑤全风化岩石（大理岩、片岩）：厚度在3.0～6.0 m，结构基本已被破坏，但尚可辨认，岩芯呈土状、砂状。该层地基承载力特征值一般在200～300 kPa，压缩模量为4.0～7.0 MPa。承载力较高，工程性质较好，是基坑支护方案的主要土层。

⑥强风化岩石（大理岩、片岩）：厚度在3.0～5.5 m，结构大部分被破坏，风化裂隙很发育，岩芯呈碎块状。该层大理岩局部地段有溶洞（0.30～2.40 m），呈土状，里面充填绿泥质千枚岩。该层地基承载力特征值一般在300～500 kPa，变形模量为20.0～40.0 MPa。承载力较高，工程性质较好，是基坑支护方案的主要地层，是较好的基础持力层，单桩承载力较高。

⑦中风化岩石（大理岩、片岩）：根据已知的勘探资料，最大揭露厚度为13.0 m。结构部分被破坏，裂隙较发育，岩芯呈短柱状。该层地基承载力特征值一般在1000～1500 kPa之间。饱和单轴抗压强度标准值一般在15～30 MPa。承载力高，工程性质好，是好的基础持力层，单桩承载力高。

大石桥市代表性工程地质剖面图如图3.45所示，地层物理力学指标见表3.43.

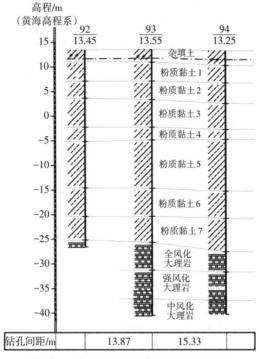

图3.45 大石桥市代表性工程地质剖面图

表3.43 大石桥市地层物理力学指标

地层名称	天然含水量	天然孔隙比	液性指数	黏聚力/kPa	内摩擦角/(°)	压缩模量/MPa	承载力特征值/kPa
粉质黏土1	30.0~37.0	0.7~0.9	−0.4~0.8	20.0~31.0	11.0~18.0	4.0~7.0	100~150
粉质黏土2	28.0~33.0	0.7~0.9	0.4~0.7	22.0~31.0	13.0~19.0	5.0~7.0	160~180
粉质黏土3	24.0~30.0	0.6~0.8	0.2~0.6	21.0~29.0	13.0~18.0	6.0~8.0	180~200

（4）盖州市：根据营口市盖州市近20年的城市建设勘察资料可知：盖州市的主要地层自上而下为以下几种。

① 填土层：由素填土和杂填土组成，其分布受人类活动影响较大，厚度在1.0~5.0 m，杂色，主要以黏性土为主，含碎石、砖头、混凝土块、炉渣、塑料等建筑垃圾和生活垃圾，分布普遍。渗透性较好，结构松散，承载力低，工程性质差，对建筑基础的选型和基坑支护的选型影响都较小。

② 粉质黏土：厚度在1.7~5.0 m，黄褐色，含红褐色氧化铁斑及黑色铁锰质结核。软塑~可塑，中~高压缩性。局部含少量砾石。冲积形成，分布普遍。该层标准贯入（N）实测击数一般在5.0~8.0，该层地基承载力特征值一般在100~160 kPa，压缩模量一般在4.0~10.0 MPa之间，黏聚力一般在16.0~48.0 kPa，内摩擦角一般在7.0°~22.0°。承载力较低，工程性质较差，该层是浅基础选型的主要持力层，同时也是基坑

支护方案的主要地层。

③ 细砂：厚度在 1.0～9.0 m，黄褐～浅黄色，稍密～中密状态，主要矿物为石英、长石、级配差，含卵石，次棱角状～亚圆形，成分为强～弱风化安山岩、花岗岩，含量为 10%～20%，冲积形成，该层局部分布。该层标准贯入（N）实测击数一般在 9.0～20.0，该层地基承载力特征值一般在 140～200 kPa，变形模量一般在 9.0～20.0 MPa，内摩擦角一般在 20.0°～25.0°。承载力一般，工程性质一般，是基坑支护方案的主要地层。

④ 卵石：厚度在 1.0～9.0 m，稍密状态，卵石含量 50%～70%，母岩成分为强～弱风化花岗岩及安山岩，粒径不均，级配一般，一般粒径为 20～60 mm，最大粒径为 200 mm，孔隙中由中粗砂填充，冲积形成，该层分布较普遍。该层重型动力触探（N63.5）实测击数在 2～10，该层地基承载力特征值一般在 200～280 kPa，变形模量为 14.0～30.0 MPa，内摩擦角一般在 28.0°～33.0°。承载力较高，工程性质较好，是基坑支护方案的主要地层。

⑤ 粗砂：厚度在 1.0～7.0 m，黄褐色，稍密～中密，矿物成分以长石、石英为主，含卵石，次棱角状～亚圆形，成分为强～弱风化花岗岩、石英岩、安山岩，含量为 10%～30%。冲积形成，该层局部分布。该层标准贯入（N）实测击数一般在 9.0～26.0，该层地基承载力特征值一般在 180～280 kPa，变形模量为 13.0～26.0 MPa，内摩擦角一般在 29.0°～33.0°。承载力一般，工程性质一般，是基坑支护方案的主要地层。

⑥ 全风化岩石（花岗岩、安山岩、片岩）：厚度在 0.5～15.0 m，灰褐色，原岩结构已基本破坏，但尚可辨认，有残余结构强度，岩芯呈土块状和砂土状，手捏易散，遇水软化，干钻可钻进。分布较普遍。该层标准贯入（N）实测击数在 30.0～50.0。该层地基承载力特征值一般在 250～300 kPa，变形模量 10.0～20.0 MPa。承载力较高，工程性质较好，是基坑支护方案的主要地层。

⑦ 强风化岩石（花岗岩、安山岩、片岩）：厚度在 2.5～12.0 m，结构大部分被破坏，矿物成分显著变化，节理裂隙很发育，岩芯呈碎块状，分布较普遍。点荷载抗压强度在 7.00～15.00 MPa，该层地基承载力特征值一般在 500～800 kPa 之间，变形模量为 30.0～50.0 MPa。承载力高，工程性质好，是基坑支护方案的主要地层，是好的基础持力层，单桩承载力较高。

⑧ 中风化岩石（花岗岩、安山岩、片岩）：根据已知的勘探资料，最大揭露厚度为 12.0 m，组织结构部分破坏，沿节理面有次生矿物，节理裂隙较发育，岩芯呈短柱状、长柱状。分布普遍。单轴饱和抗压强度在 20.00～50.00 MPa，该层地基承载力特征值一般在 1000～2000 kPa，静弹性模量为 25000～35000 MPa。是好的基础持力层，单桩承载力高。

（5）营口市工程地质特性总体特点：营口市标准冻深为 1.1 m。本地区市区潜水地下稳定水位为 0.1～3.4 m，鲅鱼圈区潜水地下稳定水位为 7.0～14.0 m，大石桥市上层滞水水位为 1.2～1.9 m，盖州市潜水地下稳定水位为 0.5～10.0 m。场地地貌较单一，地层较稳定，地基较均匀，适宜建筑用地。第四系地基土是工程在设计、施工中的关键土层。对于荷载和变形要求不高的建筑物，可采用浅基础，一般以黄褐色粉质黏土为基础持力层；对于荷载和变形要求较高的建筑物，本地区一般采用预应力混凝土管桩和钻孔灌注桩、泥浆护壁钻孔桩等桩型，以粉砂、细砂、强风化岩石、中风化岩石等为桩端持力层。

3.5.2　盘锦市

盘锦市下辖兴隆台区、双台子区、大洼区、盘山县、开发区。

本区位于华北陆块之华北断坳，三、四级构造单元位于下辽河断陷南部的辽河断坳区。构造运动表现为对老构造的继承，但断层活动相对微弱，断层简单，盆地谷底仍受老构造控制，构造展布方向以NE—SW向为主。

下辽河裂谷谷表地层第四系平合于上第三系，并于裂谷两侧超覆截合于前第三系地层岩石之上，第四系厚度为90～400 m；上第三系平合或微角度沉积不整合于下第三系及前第三系裂谷基底地层岩石之上，上第三系地层最大厚度为1000 m；下第三系截合、异合于前第三纪地层、岩石之上，作为谷内地层伏于上第三系和第四系之下，尚未出露地表，基岩为中生界地层。

盘锦市位于松辽平原南部，辽河三角洲中心地带，是退海冲积平原。属于华北陆台东北部从"燕山运动"开始形成的新生代沉积盆地。经过漫长的历史年代的河流冲积、洪积、海积和风积作用，不断覆盖着浓厚的四系松散积沉物。地形地貌特征是北高南低，地面海拔平均高度4 m左右，最高18.2 m，最低0.3 m，地面平坦，多水无山。

（1）浅层工程地质特性：盘锦市东、东北邻鞍山市辖区，东南隔大辽河与营口市相望，西、西北邻锦州市辖区，南临渤海辽东湾。市区距沈阳市155 km；西距锦州市102 km；南距营口市65 km，鲅鱼圈港146 km，大连港302 km；东距鞍山市98 km。地理坐标为北纬40°39′～41°27′、东经121°25′～122°31′。总面积4 071 km²，占辽宁省总面积的2.75%。

盘锦市各区县浅层工程地质特性非常接近。根据盘锦市近30年的城市建设勘察资料可知：在基岩之上覆盖的地层自上而下主要为以下几种。

①填土层：由素填土和杂填土组成，其分布受人类活动影响较大，厚度在0.5～5.0 m，杂色，主要以黏性土为主，含碎石、砖头、混凝土块、炉渣、塑料等建筑垃圾和生活垃圾，分布普遍。渗透性较好，结构松散，承载力低，工程性质差，对建筑基础的选型和基坑支护的选型影响都较小。

②粉质黏土1：厚度在1.0～4.0 m，黄褐色，含红褐色氧化铁斑及黑色铁锰质结核，软塑～可塑，中～高压缩性。冲积形成，主要分布在盘锦市北部（盘山县）。承载力较低，该层是浅基础选型的主要持力层，同时也是基坑支护方案的主要地层。

③粉质黏土夹粉土：厚度在0.5～13.0 m，黄褐色～灰色，含有少量有机质。软塑～可塑，中～高压缩性。土质不均，局部夹有粉砂薄层和透镜体。海陆交互相沉积，分布普遍。承载力较低，是基坑支护方案的主要地层。

④淤泥质粉质黏土：厚度在0.5～9.0 m，灰色～灰黑色，含有贝壳，软塑～流塑。土质不均，局部呈泥炭质土及淤泥质粉土状。淤泥质土具有强度低、压缩性大、透水性

差、渗透性小，触变性、流变性大的特点，同时，该层加荷后易变形且不均匀，变形速率大且稳定时间长。地震时易产生震陷、地基失效等灾害。海相沉积，主要分布在盘锦市中部、南部、西部、东部（双台子区、大洼区、兴隆台区、开发区）。承载力很低，工程性质很差。作为基坑支护方案的主要地层，应该引起足够的重视。作为浅基础的软弱下卧层，应进行下卧层验算。

⑤粉砂：厚度在0.5~23.0 m，灰色~灰白色，以长石、石英为主，含少量云母。粒径均匀，稍密~中密。性质不均，局部呈细砂状。局部夹粉质黏土、粉土透镜体（厚度在0.5~5.0 m）。海相沉积，分布普遍。此层局部区域有轻微液化现象，进行基础设计时，应引起重视。承载力较高，工程性质较好，是较好的基础持力层，单桩承载力较高，是基坑支护方案的主要地层。

⑥粉质黏土：厚度在2.0~18.0 m，灰色~灰绿色，含少量有机质，软塑~可塑。海相沉积，主要分布在盘锦市北部（盘山县）。工程性质较差，承载力较低。作为基础的软弱下卧层，应进行下卧层验算。

⑦细砂：根据已知的勘探资料，最大揭露厚度为55 m，灰白色，以长石、石英为主，含少量云母。粒径均匀，局部夹粉质黏土、粉土透镜体（厚度在0.5~8.0 m），中密~很密。海相沉积，分布普遍。承载力较高，工程性质较好，是较好的基础持力层，单桩承载力较高。

盘锦市代表性工程地质剖面图如图3.46和图3.47所示，地层物理力学指标见表3.44。

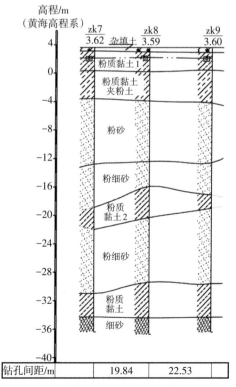

图3.46 盘锦市代表性工程地质剖面图1

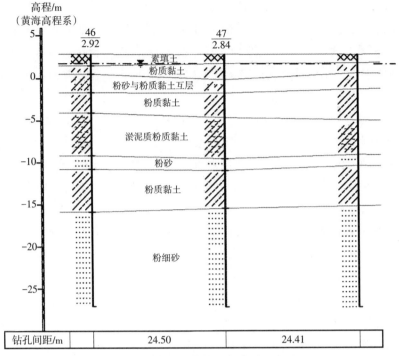

图3.47 盘锦市代表性工程地质剖面图2

表3.44 盘锦市地层物理力学指标

地层名称	天然含水量	天然孔隙比	液性指数	黏聚力/kPa	内摩擦角/(°)	压缩(变形)模量/MPa	承载力特征值/kPa
粉质黏土1	21.0% ~ 38.0%	0.6 ~ 1.0	0.3 ~ 2.7	4.0 ~ 33.0	3.0 ~ 29.0	3.0 ~ 33.0	100 ~ 120
粉质黏土夹粉土	23.0% ~ 48.0%	0.6 ~ 0.9	0.4 ~ 1.6	7.0 ~ 33.0	2.0 ~ 19.0	3.0 ~ 35.0	100 ~ 150
淤泥质粉质黏土	36.0% ~ 59.0%	1.1 ~ 1.5	1.0 ~ 1.8	4.0 ~ 23.0	1.5 ~ 18.0	2.0 ~ 5.0	60 ~ 80
粉砂				0	20.0 ~ 31.0	10.0 ~ 42.0	140 ~ 200
粉质黏土2	17.0% ~ 37.0%	0.5 ~ 0.9	0.2 ~ 1.5	16.0 ~ 53.0	14.0 ~ 27.0	3.0 ~ 8.0	130 ~ 150
细砂				0	24.0 ~ 31.0	18.0 ~ 43.0	200 ~ 300

（2）盘锦市工程地质特性总体特点：盘锦市市区标准冻深为1.1 m。本地区潜水地下稳定水位为0.8 ~ 3.0 m，盘锦地区地震设防烈度为7度，本区设计基本地震加速度为0.10*g*，为设计地震分组的第一组，特征周期为0.45 s，建筑场地类别为Ⅲ类。局部地段粉砂层有轻微液化现象。场地地貌较单一，地层较稳定，地基较均匀，适宜作为建筑用地。第四系地基土是工程在设计、施工中的关键土层。对于荷载和变形要求不高的建筑物，可采用浅基础，一般以黄褐色粉质黏土为基础持力层；对于荷载和变形要求较高的建筑物，本地区一般采用预应力混凝土管桩和钻孔灌注桩、泥浆护壁钻孔桩等桩型，以粉砂或细砂为桩端持力层。

3.5.3　丹东市

丹东市包含凤城市、宽甸满族自治县、丹东市主城区、东港市。

丹东地区是辽东山地丘陵的一部分，属长白山脉向西南延伸的支脉或余脉。地势由东北向西南逐渐降低。按高度和地形特征，可划分为北部中低山区、南部丘陵区、南缘沿海平原区 3 类规模较大的地貌单元。其中以山地和丘陵为主，局部还有阶地、盆地、台地等小型地貌单元。山地丘陵面积占 72.4%，平原谷地面积占 14.6%，水域面积占 8.7%，其他面积占 4.3%。宽甸和凤城北部地势最高，平均海拔 500 m 左右，有千米以上山峰 14 座，最高峰花脖山海拔 1336.1 m；凤城中南部以及东港北部平均海拔 300~500 m，丹东市城区和东港中南部地势最低，海拔多在 20 m 以上，最低处海拔在 2 m 以下。

（1）凤城市。

① 主要地层：

A. 杂填土：由碎砖、石块等建筑垃圾混黏性土等组成，层厚 0.50~2.90 m。

B. 细砂：灰黄色，稍湿~饱和，层厚 0.50~3.60 m。

C. 粗砂：黄色，松散~稍密，湿~饱和，层厚 0.30~2.20 m。

D. 粉质黏土：黄褐色，软~塑，很湿，层厚为 0.20~3.00 m。

E. 粗砾砂：黄色，松散~稍密，湿~饱和，层厚 0.30~2.40 m。

F. 卵石：灰黄色，中密状态，稍湿~饱和，层厚 3.00~5.10 m。

G. 强风化花岗岩：黄色，密实状态，稍湿，粗粒结构、块状构造，层厚 4.00~4.40 m。

凤城市代表性工程地质剖面图如图 3.48 所示，地层物理力学指标见表 3.45。

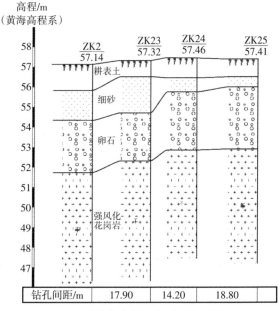

图 3.48　凤城市代表性工程地质剖面图

表3.45　凤城市地层物理力学指标

地层名称	黏聚力/kPa	内摩擦角/(°)	承载力特征值/kPa	压缩模量或变形模量/MPa
细砂	0	15.0~17.0	100~120	6.0~8.0
粗砂	0	20.0~25.0	160~180	15.0~17.0
粉质黏土	12.0~15.0	15.0~20.0	100~120	5.0~7.0
粗砾砂	0	15.0~20.0	160~180	13.0~15.0
卵石	0	30.0~35.0	400~450	30.0~35.0
强风化花岗岩			600~700	50.0~55.0

②地下水情况：地下水主要为细砂、卵石层中的潜水及风化岩层中的裂隙水。场区地下水主要来源于大气降水，且与场地东侧的草河及南侧的二道河河水呈互补关系，以地下径流及蒸发方式排泄。粉质黏土在本场区起相对隔水作用，本场地粉质黏土下部的地下潜水具有微承压性，在地下室下挖过程中，粉质黏土层剩余厚度不足时，有发生突涌现象的可能，粗砂和粗粒砂有产生流砂的可能。

③本区工程地质特性：

A.杂填土：土质不均匀，固结程度较差，不宜做建筑物持力层。

B.细砂：呈稍密状态，物理力学性质一般，水平及垂直方向变化不大，不宜作为建筑物持力层，如选用此层位作为持力层，应进行不均匀沉降验算。

C.粗砂：稍密状态，该层承载力较低，可以作为建筑物持力层。

D.粉质黏土：呈可塑状态，物理力学性质一般，水平及垂直方向变化不大，不宜作为建筑物持力层，如选用此层位作为持力层，应进行不均匀沉降验算。

E.粗砾砂：稍密状态，该层承载力较低，可以作为建筑物持力层。

F.卵石：中密状态，该层承载力较好，为良好的地基持力层。

G.强风化花岗岩：埋深浅，力学强度较高，可以作为基础持力层，如采用该层为基础持力层，应做好截排水且避免在雨季施工，开挖后应尽快浇筑混凝土，防止其进一步风化。

场地内无活动断裂构造与发震断裂构造分布，场地不受断裂构造的错动或错断影响，场地四周无深大沟壑或直立的陡坎、悬崖等临空面发育，也不存在大范围的外倾滑动面，故场地不存在场地整体失稳的可能，属于建筑抗震一般地段。

（2）宽甸满族自治县。

①主要地层：

A.杂填土：由碎砖、石块等建筑垃圾混黏性土等组成，层厚0.70~6.40 m。

B.粉质黏土：黄色，硬可塑，层厚4.60~6.30 m。

C.角砾：灰黄色，松散~稍密状态，湿~饱和，层厚1.10~2.50 m。

D.碎石：黄色，稍密~中密，饱和，层厚13.40~14.80 m。

E. 强风化玄武岩：灰色、灰黑色，斑状结构，气孔状及杏仁状构造。原属软岩，层厚3.00～4.60 m。

F. 强风化花岗岩：黄色，密实状态，稍湿。粗粒结构、块状构造。属软岩，层厚3.80～4.40 m。

宽甸满族自治县代表性工程地质剖面图如图3.49所示，地层物理力学指标见表3.46。

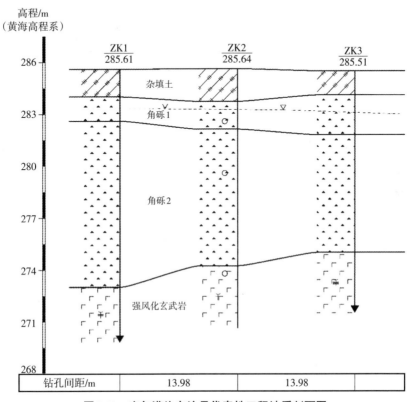

图3.49　宽甸满族自治县代表性工程地质剖面图

表3.46　宽甸满族自治县地层物理力学指标

地层名称	黏聚力/kPa	内摩擦角/(°)	承载力特征值/kPa	压缩模量或变形模量/MPa
粉质黏土	20.0～22.0	20.0～25.0	200～250	4.0～6.0
角砾		30.0～35.0	300～350	40.0～45.0
碎石		35.0～40.0	300～350	35.0～40.0
强风化花岗岩			500～600	65.0～70.0
强风化玄武岩			500～600	50.0～55.0

② 地下水情况：地下水主要为角砾、碎石层中所含的非承压潜水，局部杂填土中亦有少量上层滞水。地下水主要补给来源为大气降水及西侧山地基岩裂隙水的侧向补给，其水量及水位受季节及大气降水影响较大。场地地下水对混凝土结构有微腐蚀性，

对钢筋混凝土结构中的钢筋有微腐蚀性。

③ 本区工程地质特性：

A. 杂填土：土质不均匀，固结程度较差，不宜做建筑物持力层。

B. 粉质黏土：性质较好，该层承载力一般，可以作为建筑物持力层。

C. 角砾：稍密状态，该层承载力较好，为良好的地基持力层。

D. 碎石：中密状态，该层承载力较好，为良好的地基持力层。

E. 强风化玄武岩：属软岩类，具有一定的承载力且物理力学性质变异性较小，该层为良好的地基持力层。

F. 强风化花岗岩：属软岩类，具有一定的承载力且物理力学性质变异性较小，该层为良好的地基持力层。

宽甸满族自治县场地的抗震设防烈度为6度，设计基本地震加速度值为0.05g，设计地震分组属第一组，属对建筑抗震一般地段。故拟建场区为基本稳定场地，工程建设适宜性级别为较适宜。

场地内无活动断裂构造与发震断裂构造分布，场地不受断裂构造的错动或错断影响，场地四周无深大沟壑或直立的陡坎、悬崖等临空面发育，也不存在大范围的外倾滑动面，故场地不存在场地整体失稳的可能及其他不良地质作用及不良地质灾害，埋藏较浅，层厚均匀；其下场区连续分布为稍密~中密状态的碎石层，层厚比较均匀，强度较高，埋藏较深；下伏稳定，强度高的强风化花岗岩层分布连续，埋藏较深。

场区内粉质黏土、角砾、碎石、强风化花岗岩、强风化玄武岩层位分布连续，层厚均匀，属均匀地基。本场地当采用适当的基础形式后，地基基本稳定。

（3）丹东市主城区（振安区、元宝区、振兴区）。

① 主要地层：

A. 杂填土：由碎砖、石块等建筑垃圾混黏性土等组成，层厚1.10~6.30 m。

B. 粉质黏土：黄褐色，软可塑状态，层厚1.40~4.90 m。

C. 淤泥质粉质黏土：灰色，流塑状态，层厚1.10~4.90 m。

D. 细砂：灰色、灰黄色。稍密状态，饱和，层厚1.80~6.80 m。

E. 圆砾：灰色，稍密状态，饱和，层厚3.30~8.00 m。

F. 卵石：灰黄色，稍密~中密，稍湿~饱和，层厚0.30~4.20 m。

G. 全风化花岗岩：灰黄色，粒状结构，块状构造，属极软岩，层厚0.40~4.10 m。

H. 强风化花岗岩：灰黄色，粒状结构，块状构造，属软岩，层厚3.40~5.80 m。

I. 中风化花岗岩：灰青色，粒状结构，块状构造，较软岩，层厚5.30~25.30 m。

J. 全风化砂岩：黄色，中密状态，稍湿。属于极软岩，层厚0.60~3.70 m。

K. 强风化砂岩：灰白色，密实状态，稍湿。粒状结构，块状构造。属于软岩，岩体基本质量等级为V级，层厚4.30~6.00 m。

丹东市主城区代表性工程地质剖面图如图3.50所示，地层物理力学指标见表3.47。

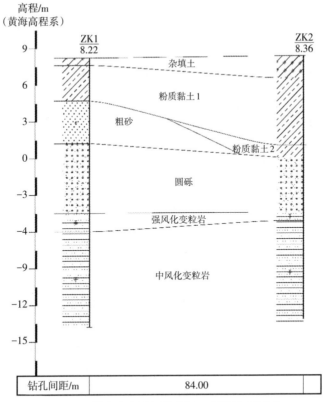

高程/m
（黄海高程系）

ZK1　8.22

ZK2　8.36

杂填土

粉质黏土1

粗砂

粉质黏土2

圆砾

强风化变粒岩

中风化变粒岩

| 钻孔间距/m | 84.00 | |

图3.50　丹东市主城区代表性工程地质剖面图

表3.47　丹东市主城区物理力学指标

地层名称	黏聚力/kPa	内摩擦角/(°)	承载力特征值/kPa	压缩模量或变形模量/MPa
粉质黏土	10.0～12.0	11.0～13.0	120～140	4.0～6.0
淤泥质粉质黏土	6.0～8.0	6.0～8.0	60～80	2.0～4.0
细砂	0	25.0～30.0	150～170	13.0～15.0
圆砾	0	35.0～40.0	300～350	25.0～30.0
卵石	0	40.0～45.0	400～500	55.0～60.0
全风化花岗岩			300～350	30.0～35.0
强风化花岗岩			500～600	35.0～40.0
中风化花岗岩			1000～1200	50.0～55.0
全风化砂岩			200～250	35.0～40.0
强风化砂岩			500～600	65.0～70.0

② 地下水情况：地下水主要分为三部分：一部分为上部土层中的上层滞水，其主要补给来源为大气降水；另一部分为砂层、卵石层中所含非承压潜水，其主要补给来源为大气降水及邻近河流的侧向补给，其水量及水位受季节及大气降水影响较大，还有一部分是岩层中的基岩裂隙水，主要补给来源为基岩裂隙水及上部圆砾层中的地下潜水。

③ 本区工程地质特性：

A. 杂填土：土质不均匀，固结程度较差，不宜做建筑物持力层。

B. 粉质黏土：承载力一般，性质一般，可作为建筑物的基础持力层，需进行验算。

C. 淤泥质粉质黏土：属特殊性土，具有地基产生失稳和不均匀变形特性。

D. 细砂：该层承载力较好，为良好的地基持力层。

E. 圆砾：该层承载力较好，为良好的地基持力层。

F. 卵石：该层承载力较好，为良好的地基持力层。

G. 全风化花岗岩：属极软岩，强度较高，埋藏较深，工程性质好，可作为建筑物的基础持力层。

H. 强风化花岗岩：属软岩，其强度高，变形小，工程性质好，可作为永久建筑的基础持力层。

I. 中风化花岗岩：埋藏较深，其强度高，变形小，工程性质好，可作为永久建筑的基础持力层。

J. 全风化砂岩：属极软岩，强度较高，埋藏较深，工程性质好，可作为建筑物的基础持力层。

K. 强风化砂岩：属软岩，其强度高，变形小，工程性质好，可作为永久建筑的基础持力层。

（4）东港市。

① 主要地层：

A. 杂填土：由碎砖、石块等建筑垃圾混黏性土等组成，层厚0.70~7.30 m。

B. 淤泥质粉质黏土：灰色，流塑状态，层厚5.70~7.60 m。

C. 粉质黏土：灰黄色，软塑状态，层厚0.80~1.50 m。

D. 细砂：灰绿色，稍密状态，饱和，层厚2.40~4.00 m。

E. 圆砾：黄褐色，中密~密实状态，饱和，层厚2.30~3.40 m。

F. 卵石：黄褐色，密实状态，饱和，层厚4.10~5.40 m。

东港市代表性工程地质剖面图如图3.51所示，地层物理力学指标见表3.48.

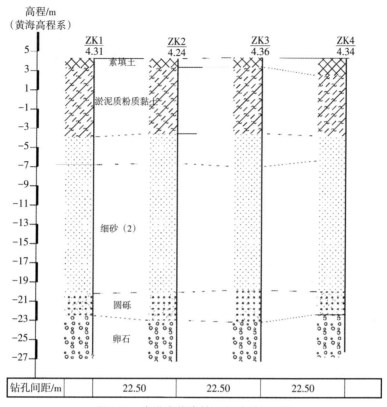

图3.51 东港市代表性工程地质剖面图

表3.48 东港市地层物理力学指标

地层名称	黏聚力/kPa	内摩擦角/(°)	承载力特征值/kPa	压缩模量或变形模量/MPa
淤泥质粉质黏土	8.0 ~ 10.0	6.0 ~ 8.0	60 ~ 80	2.0 ~ 4.0
粉质黏土	6.0 ~ 8.0	10.0 ~ 12.0	100 ~ 120	3.0 ~ 5.0
细砂	0	15.0 ~ 20.0	180 ~ 200	20.0 ~ 25.0
圆砾	0	30.0 ~ 35.0	450 ~ 500	45.0 ~ 50.0
卵石	0	30.0 ~ 35.0	500 ~ 600	50.0 ~ 55.0

② 地下水情况：地下水主要分为两部分。一部分为淤泥质粉质黏土层中的少量上层滞水，其主要补给来源为大气降水及邻近河沟水的侧向补给。另一部分为细砂、圆砾及卵石层所含微承压潜水。其主要补给来源为邻近海水侧向补给。

③ 工程地质特性：

A. 杂填土：土质不均匀，固结程度较差，不宜做建筑物持力层。

B. 淤泥质粉质黏土：性质差，承载力差，不适宜做浅基础地基。

C. 粉质黏土：性质差，承载力差，不适宜做浅基础地基。

D. 细砂：稍密状态，工程性质一般，地基承载力较好。需进行砂土液化判别，采取合适的地基处理方式。

E. 圆砾：该层承载力较好，为良好的地基持力层。

F. 卵石：该层承载力较好，为良好的地基持力层。

部分地区细砂层判定为轻微砂土液化土层，进行施工建设前需认真进行现场测试，设计时需加以考虑。区内淤泥质粉质黏土、细砂、圆砾、卵石层位分布连续，属均匀地基。在采用合适的基础形式后，地基基本稳定。

东港市具有显著滨海地层特性，淤泥质粉质黏土较厚，采用天然地基及浅部换填地基处理效果均沉降较大，采用桩基础是可靠的基础形式。

（5）丹东市工程地质特性总体特点：丹东市域内地形总趋势北高南低，北部丘陵山地重叠，东西走向，属长白山系，中部低丘漫岗或丘陵间盆地，南部多为鸭绿江、大洋河等沿海诸河冲积平原与退海平原。其中北部地区的丘陵高程多为100~200 m，丘陵间的盆地地面高程为10~50 m，中部地区的山前平原地面高程在8~10 m，南部的冲积平原与退海平原的地面高程在2~5 m。南部邻海，大多为冲积平原与退海平原，覆盖层较厚，岩层埋藏较深。上部主要为黏土层和砂层，厚度较均匀，承载力一般。受沿海影响，对钢筋腐蚀性较大，地下水位较高，施工时需考虑降、排水的问题。北部多为山地、丘陵，海拔较高，地形地貌较复杂，覆盖层较薄，出露岩层较早，岩石风化程度较高。

区内粉质黏土、淤泥质粉质黏土、细砂、圆砾、卵石层位分布连续，属均匀地基。在采用合适的基础形式后，建筑物地基基本稳定。细砂呈稍密状态，饱水，为轻微液化土层。设计、施工时需进行考虑，并采取合适的方案。全风化岩层节理、裂隙发育，组织结构大部破坏，属软岩；遇空气、水有软化，开工后应及时进行处理，避免进一步风化，降低其承载力；强度高，变形小，工程性质好，可作为永久建筑的基础持力层。强风化岩层，强度高，节理裂隙较发育，承载力好，无不良地质现象，是好的基础持力层，适合永久性建筑。

地下水位较高，施工时对基础施工影响较大。在基坑开挖前要有相应的降、排水措施，以保证基坑开挖及工程施工的安全和质量。建议基槽开挖前，选择局部场地进行试挖，以确定最终施工方案。同时基坑降水过程中，地下水位下降有可能引起周边建筑物、道路、地下管线沉降，造成不利影响，应按相关规范要求加强基坑施工过程中的变形监测工作，必要时可以采取降水井与回灌井相结合的方式进行。

3.6 辽东半岛工程地质特性

辽东半岛主要指大连地区。大连市下辖中山区、西岗区、沙河口区、甘井子区、金州开发区、旅顺口区、普兰店区、瓦房店市、庄河市、长海县。

区域地质构造位置属中朝准地台（Ⅰ）—胶辽台隆（Ⅰ1）—复州台陷（Ⅰ14）区，四级构造区为复州—大连凹陷（Ⅰ14—3）构造单元。勘察场地周边范围内基岩为震旦系长岭子组板岩地层，场地内未见有断裂构造及破碎带通过。

大连地区在地质构造上位于辽东块隆的南端，西侧与下辽河辽东湾块陷毗邻，南侧与黄海块陷相接。市区内地质构造比较复杂，分布有褶皱、断裂等构造。

区内近东西向褶皱规模较大的有台子山倒转背斜及大连湾倒转向斜。二者分布范围较大，基本控制了市区中南部地区地貌轮廓。

另外，近东西向褶皱在大连湾向斜以北尚有山中村倒转背斜、东鱼山—龙头山倒转向斜。在台子山背斜以南有菱角湾背斜、付家庄向斜，西部有栾金村—黑石礁向斜等。

分布于市区西部的黑石礁—南关岭一线，与同向断裂构造一起构成北东—北北东向褶皱断裂带。北东向褶皱叠加在东西向褶皱之上，使后者的轴线发生弯转。

区内断裂构造有东西向、北西向、北东—北北东向三组，并有环状断裂构造的分布。

南北两侧均由东西向断裂控制。东西向断裂还控制了市内山区与平原的分界及南部海岸东段的基本轮廓。

全市总面积 12574 km²，其中老市区面积 2415 km²。区内山地丘陵多，平原低地少，整个地形为北高南低，北宽南窄；地势由中央轴部向东南和西北两侧的黄、渤海倾斜，面向黄海一侧长而缓。长白山系千山山脉余脉纵贯本区，绝大部分为山地及久经剥蚀而成的低缓丘陵，平原低地仅零星分布在河流入海处及一些山间谷地；岩溶地形随处可见，喀斯特地貌和海蚀地貌比较发育。

3.6.1 浅层工程地质特性

大连是京津的门户，北依营口市，南与山东半岛隔海相望，位置在东经120°58′至123°31′，北纬38°43′至40°10′。

（1）大连市区（中山区、西岗区、沙河口区、甘井子区、金州开发区、旅顺口区）。本区浅层地层自上而下分述如下。

① 第四系全新统人工堆积层（Q_4^{ml}）：填土层：由素填土和杂填土组成，其分布受人类活动影响较大，厚度在0.3~13.0 m，杂色，主要由黏性土、板岩、辉绿岩碎屑及碎块组成，含少量砖头、混凝土块、塑料等建筑材料和生活垃圾，一般粒径为20~80 mm，硬质物含量占30%~70%，分布普遍。新近堆积（部分地段超过10年），欠自重固结，均匀性较差，压缩性较高，渗透性较好，结构松散，承载力低，工程性质差，对建筑基础的选型和基坑支护的选型影响都较小。

② 第四系全新统坡洪积层（Q_4^{dl+pl}）：粉质黏土：厚度在0.4~12.6 m，黄褐色~灰绿色~红褐色~棕褐色，含红褐色氧化铁斑及黑色铁锰质结核。内含少量角砾，硬杂质含量10%~30%，可塑~硬塑，中压缩性。该层分布普遍。承载力较低，该层是浅基础选型的主要持力层，同时也是基坑支护方案的主要地层。物理力学指标见表3.49。

表3.49 粉质黏土（Q_4^{dl+pl}）物理力学指标

天然含水量	天然孔隙比	液性指数	黏聚力/kPa	内摩擦角/(°)	压缩模量/MPa	承载力特征值/kPa
19.0%~45.0%	0.6~0.9	0.05~0.8	20.0~86.0	8.0~21.0	4.0~12.0	120~160

③ 第四系全新统冲海积层（$Q4^{al+m}$）：

A. 粉质黏土：厚度在0.4～12.6 m，黄褐色～灰色～灰黑色，软塑～可塑，中～高压缩性。灰色～灰黑色粉质黏土含少量有机质，局部见有少量贝壳及卵石，约占5%。性质不均，局部为黏土、粉土，该层局部分布。承载力较低，工程性质差，该层是浅基础选型的主要持力层，同时也是基坑支护方案的主要地层。

表3.50　粉质黏土（Q_4^{al+m}）物理力学指标

天然含水量	天然孔隙比	液性指数	黏聚力/kPa	内摩擦角/(°)	压缩模量/MPa	承载力特征值/kPa
21.0%～35.0%	0.6～0.9	0.40～1.10	6.0～48.0	3.5～18.0	2.5～7.0	110～150

B. 角砾（卵石）：厚度在0.5～6.5 m，黄褐色—灰黑色，稍密～中密状态。母岩成分以石英岩、板岩为主，由粉质黏土充填胶结，该层局部分布。该层地基承载力特征值一般在200～260 kPa，变形模量为20.0～60.0 MPa。承载力较高，工程性质较好，是基坑支护方案的主要地层。

④ 第四系全新统海积层（$Q4^{m}$）：

A. 淤泥质粉质黏土：厚度在0.4～24.0 m，灰黑色，流塑—软塑状态，高压缩性。含有大量有机质，有腥味，局部夹有少量贝壳、卵石、粉细砂颗粒，稍有光泽。淤泥质土具有强度低、压缩性大、透水性差、渗透性小，触变性、流变性大的特点，同时，该层加荷后易变形且不均匀，变形速率大且稳定时间长。该层局部分布，主要分布在海边地区，尤以中山区的大连港区域厚度最大（24.0 m）。对该地层建筑施工时，应进行相应的地基处理后，方可作为基础持力层使用，或者采用桩基础穿过此层。该层是基坑支护方案的主要地层，同时也是支护施工较难的地层，应当引起足够的重视。物理力学指标见表3.51。

表3.51　淤泥质粉质黏土（Q_4^{m}）物理力学指标

天然含水量	天然孔隙比	液性指数	黏聚力/kPa	内摩擦角/(°)	压缩模量/MPa	承载力特征值/kPa
35.0%～70.0%	1.0～3.0	0.8～2.0	5.0～28.0	4.0～17.0	2.0～5.0	40～80

B. 粉质黏土：厚度在0.4～24.0 m，灰褐色—灰色—灰黑色，流塑—可塑，中—高压缩性，局部含少量板岩、石英岩角砾，该层局部分布。承载力较低，工程性质较差，是基坑支护方案的主要地层。物理力学指标见表3.52。

表3.52　粉质黏土（Q_4^{m}）物理力学指标

天然含水量	天然孔隙比	液性指数	黏聚力/kPa	内摩擦角/(°)	压缩模量/MPa	承载力特征值/kPa
24.0%～60.0%	0.7～1.1	0.4～1.0	9.0～40.0	7.0～20.0	2～6	100～150

C. 粉砂：厚度在0.5～2.5.0 m，黄褐色～灰黑色，松散状态。含少量贝壳碎屑物，级配不良。该层局部分布，仅分布于中山区东港海边区域。该层地基承载力特征值一般在100～140 kPa之间，变形模量为8.0～14.0 MPa。承载力较低，工程性质较差，是基

坑支护方案的主要地层。

D. 卵石（角砾）：厚度在0.6～11.5 m，稍密～中密。由岩浆岩形成，亚圆形，磨圆度较好。粒径不均，级配一般，一般粒径为20～60 mm，最大粒径为200 mm，局部有淤泥团块和薄层中砂。该层局部分布，该层地基承载力特征值一般在200～260 kPa，变形模量为15.0～70.0 MPa。承载力较高，工程性质较好，是基坑支护方案的主要地层。

⑤ 第四系更新统坡洪积层（Q3^{dl+pl}）：粉质黏土：厚度在0.6～33.0 m，黄褐色～棕黄色，可塑～硬塑，含10%～20%石英岩碎石，该层局部分布。承载力较高，工程性质较好，是基坑支护方案的主要地。物理力学指标见表3.53、

表3.53　粉质黏土（Q₃$^{dl+pl}$）物理力学指标

天然含水量	天然孔隙比	液性指数	黏聚力/kPa	内摩擦角/(°)	压缩模量/MPa	承载力特征值/kPa
24.0%～28.0%	0.6～0.8	0.3～0.5	30.0～45.0	14.0～20.0	5.0～9.0	180～240

⑥ 第四系中更新统残积层（Q2^{el}）：红黏土：厚度在0.4～20.0 m，棕红色—黄褐色，以黏粒为主，为石灰岩风化物，含灰岩碎石角砾10%左右，角砾粒径为2～5 mm，稍湿，可塑～硬塑状态，岩芯失水后易干，该层局部分布。承载力一般，工程性质一般。石灰岩地区形成的红黏土则无论在侧向和垂向上各种性质都表现出较大的差异，上硬下软，裂隙性、收缩性、崩解性都更接近于"标准"的红黏土，工程实践中要特别注意，很多地段需采用人工地基如桩基，最近几年大连地区采用钻孔灌注桩也和这方面有关。物理力学指标见表3.54。

表3.54　红黏土（Q₂^{el}）物理力学指标

天然含水量	天然孔隙比	液性指数	黏聚力/kPa	内摩擦角/(°)	压缩模量/MPa	承载力特征值/kPa
30.0%～60.0%	0.8～1.6	0.2～0.7	40.0～90.0	5.0～20.0	5.0～13.0	150～180

⑦ 辉绿岩（印支期）、页岩和砂岩（石炭系）、板岩（震旦系、青白口系）、石英岩（震旦系）、片麻岩（太古界）。

A. 全风化岩石：厚度在0.3～26.0 m，可塑。原岩结构构造已基本破坏，但尚可辨认，有残余结构强度，岩芯多呈砂土状，手捏易散，遇水软化，干钻可钻进。岩体破碎，属极软岩，岩体基本质量等级为V级。该层标准贯入（N）实测击数在20.0～50.0。该层地基承载力特征值一般在200～300 kPa，压缩模量10.0～15.0 MPa。

B. 强风化岩石：层厚0.3～47.0 m。结构大部分被破坏，矿物成分显著变化，风化裂隙很发育，岩石风化不均匀，岩芯呈碎块状。点荷载抗压强度在5.00～17.00 MPa，该层地基承载力特征值一般在300～800 kPa，变形模量为20.0～50.0 MPa。

C. 中风化岩石：根据已知的勘探资料，最大揭露厚度为34.0 m。组织结构部分破坏，沿节理面有次生矿物，风化裂隙较发育，岩芯呈饼状及短柱状、长柱状。单轴饱和抗压强度在10.00～60.00 MPa，该层地基承载力特征值一般在1000～3000 kPa之间，静

弹性模量20000～35000 MPa。（砂岩、页岩等沉积岩的数值偏低，石英岩的数值较高）

大连市区代表性工程地质剖面图如图3.52至图3.54所示。

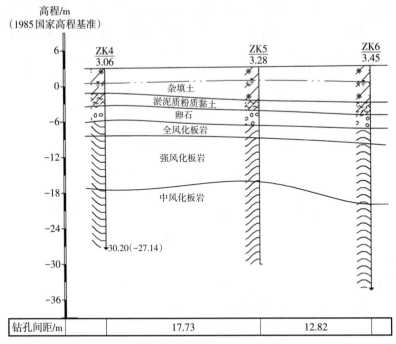

图3.52　大连市区代表性工程地质剖面图1

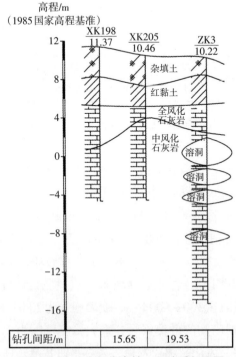

图3.53　大连市区代表性工程地质剖面图2

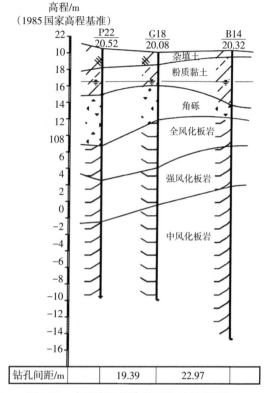

图 3.54 大连市区代表性工程地质剖面图 3

（2）郊区（普兰店区、瓦房店市、庄河市、长兴岛经济开发区、旅顺口区）。本区浅层地层自上而下分述如下。

① 第四系全新统人工堆积层（Q4^{ml}）：填土层：由素填土和杂填土组成，其分布受人类活动影响较大，厚度在 0.2～15.5 m，杂色，主要由黏性土、岩石碎屑及碎块组成，含少量砖头、混凝土块、塑料等建筑材料和生活垃圾，一般粒径为 20～80 mm，硬质物含量占 30%～70%，分布普遍。新近堆积（部分地段超过 10 年），欠自重固结，均匀性较差，压缩性较高，渗透性较好，结构松散，承载力低，工程性质差，对建筑基础的选型和基坑支护的选型影响都较小。

② 第四系全新统冲洪积层（Q4^{al+pl}）：

A. 粉质黏土：厚度在 0.2～13.0 m，黄褐色～灰褐色～红褐色，软塑～可塑～硬塑状态，中压缩性，内含少量粉砂、细砂、中砂、粗砂、角砾，硬杂质含量 10%～30%。性质不均，局部呈黏土状，该层分布较普遍。承载力较低，工程性质较差，该层是浅基础选型的主要持力层，同时也是基坑支护方案的主要地层。物理力学指标见表 3.55。

表 3.55 粉质黏土（Q4^{al+pl}）物理力学指标

天然含水量	天然孔隙比	液性指数	黏聚力/kPa	内摩擦角/(°)	压缩模量/MPa	承载力特征值/kPa
15.0%～40.0%	0.6～1.1	0.10～1.4	8.0～90.0	4.0～27.0	3.0～21.0	80～160

B. 细砂（中粗砂）：厚度在 0.3～10.0 m，灰褐色～黄褐色，松散～稍密～中密。级

配差，局部夹少量黏性土。该层地基承载力特征值一般在100~200 kPa，变形模量为5.0~20.0 MPa。该层分布较普遍。承载力较低，工程性质较差，该层是浅基础选型的主要持力层，同时也是基坑支护方案的主要地层。

C. 砾砂（圆砾）：厚度在0.2~16.0 m，灰色~黄褐色，饱和，稍密~中密状态，局部呈黏性土及细砂透镜体，级配较好，分选性较差。该层分布于瓦房店市和庄河市局部区域。该层地基承载力特征值一般在150~400 kPa，变形模量为10.0~40.0 MPa。承载力较高，工程性质较好，该层是基坑支护方案的主要地层。

D. 卵石：厚度在1.5~13.0 m，稍密——中密，卵石成分主要为石英砂岩风化产物，含量为50%以上，粒径为20~200 mm，填隙物为中粗砂及砾砂。该层分布于瓦房店市局部区域。该层地基承载力特征值一般在200~300 kPa，变形模量为20.0~40.0 MPa。承载力较高，工程性质较好，该层是基坑支护方案的主要地层。

③第四系全新统海积层（Q4^m）：

A. 淤泥质粉质黏土：厚度在0.2~11.0 m，灰色~灰黑色，软塑~流塑，高压缩性。含有大量有机质，有腥臭味，局部夹有少量贝壳、粉细砂、粗砂、卵石。淤泥质土具有强度低、压缩性大、透水性差、渗透性小，触变性、流变性大的特点，同时，该层加荷后易变形且不均匀，变形速率大且稳定时间长。该层分布于城市沿海区域。承载力很低，工程性质很差，不宜做基础持力层。该层是基坑支护方案的主要地层，同时也是支护施工较难的地层，应当引起足够的重视。物理力学指标见表3.56。

表3.56 淤泥质粉质黏土（Q4^m）物理力学指标

天然含水量	天然孔隙比	液性指数	黏聚力/kPa	内摩擦角/(°)	压缩模量/MPa	承载力特征值/kPa
29.0%~64.0%	0.8~1.8	0.8~2.4	4.0~30.0	2.0~16.0	1.5~7.0	40~80

B. 粉质黏土：厚度在7.6~33.0 m，灰褐色，含少量有机质，可塑。局部夹有粉砂、粗砂透镜体。该层分布于普兰店区大连海湾工业区。承载力较低，工程性质较差。该层是基坑支护方案的主要地层。物理力学指标见表3.57。

表3.57 粉质黏土（Q4^m）物理力学指标

天然含水量	天然孔隙比	液性指数	黏聚力/kPa	内摩擦角/(°)	压缩模量/MPa	承载力特征值/kPa
20.0%~33.0%	0.5~0.9	0.1~0.7	11.0~59.0	6.0~20.0	3.0~8.0	150~180

④第四系全新统坡洪积层（Q4^{dl+pl}）：粉质黏土：厚度在1.0~9.0 m，黄褐色，可塑状态，中压缩性，切面稍有光泽，干强度中等，韧性中等；内含少量石英砂岩、页岩碎石，呈次棱角状，粒径为2~10 mm，硬杂质含量为10%~30%。该层局部分布。承载力较低，工程性质较差。该层是基坑支护方案的主要地层。物理力学指标见表3.58。

表3.58 粉质黏土（Q4^{dl+pl}）物理力学指标

天然含水量	天然孔隙比	液性指数	黏聚力/kPa	内摩擦角/(°)	压缩模量/MPa	承载力特征值/kPa
20.0%~30.0%	0.6~0.8	0.1~0.7	16.0~52.0	9.0~21.0	3.0~8.0	140~160

⑤ 第四系中更新统风积层（Q2^{eol}）：

粉砂：厚度在0.5～5.0 m，层厚0.5～5.0 m，黄褐色，松散～稍密。分选性好，级配差，局部夹薄层粉质黏土。该层地基承载力特征值一般为80～140 kPa，变形模量为5.0～15.0 MPa。该层分布于长兴岛滨海公路南侧。承载力较低，工程性质较差。该层是基坑支护方案的主要地层。

⑥ 第四系晚更新统坡残积层（Q3^{dl+el}）：

A. 碎石：厚度在0.6～3.0 m，松散～稍密，主要由碎石及黏性土组成。碎石成分为石英岩、页岩，呈棱角状，粒径20～150 mm，含量约占70%。该层地基承载力特征值一般在150～300 kPa，变形模量为10.0～20.0MPa。该层局部分布。承载力一般，工程性质一般。该层是基坑支护方案的主要地层。

B. 粉质黏土：层厚2.0～4.0 m，黄褐色～红褐色～棕红色，可塑～硬塑。内含少量风化岩碎石。该层局部分布。承载力较低，工程性质较差。该层是基坑支护方案的主要地层。

表3.59　粉质黏土（Q3^{dl+el}）物理力学指标

天然含水量	天然孔隙比	液性指数	黏聚力/kPa	内摩擦角/(°)	压缩模量/MPa	承载力特征值/kPa
15.0%～30.0%	0.6～0.90	0.1～0.8	30.0～50.0	9.0～20.0	4.0～8.0	160～200

⑦ 辉绿岩（印支期）、页岩和石英砂岩及泥灰岩（青白口系）、砾岩和砂岩（白垩系）、板岩与石英岩互层（震旦系）、片麻岩（太古界）。

A. 全风化岩石：厚度在0.2～27.0 m。可塑。原岩结构构造已基本破坏，但尚可辨认，有残余结构强度，岩芯多呈砂土状，手捏易散，遇水软化，干钻可钻进，岩体破碎，属极软岩，岩体基本质量等级为V级。该层标准贯入（N）实测击数在20.0～50.0。该层地基承载力特征值一般在200～300 kPa，压缩模量为10.0～15.0 MPa。

B. 强风化岩石：层厚0.2～24.0 m，结构大部分被破坏，矿物成分显著变化，风化裂隙很发育，岩石风化不均匀，岩芯呈碎块状。点荷载抗压强度在5.00～11.00 MPa，该层地基承载力特征值一般在300～800 kPa，变形模量为20.0～50.0 MPa。

C. 中风化岩石：根据已知的勘探资料，最大揭露厚度为23.0 m。组织结构部分破坏，沿节理面有次生矿物，风化裂隙较发育，岩芯呈饼状及短柱状、长柱状。单轴饱和抗压强度在10.00～60.00 MPa，该层地基承载力特征值一般在1000～3000 kPa之间，静弹性模量20000～35000 MPa。（砂岩、页岩等沉积岩的数值偏低，石英岩的数值较高）

（3）大连地区石灰岩（震旦系、青白口系、寒武系）工程地质特性。

① 全风化石灰岩：厚度在0.6～24.0 m，可塑。原岩结构构造已基本破坏，但尚可辨认，有残余结构强度，岩芯多呈砂土状，手捏易散，遇水软化，干钻可钻进，岩体破碎，属极软岩，岩体基本质量等级为V级。该层标准贯入（N）实测击数在20.0～50.0。该层地基承载力特征值一般在200～300 KPa，压缩模量为10.0～15.0 MPa。

② 强风化石灰岩：层厚0.2～24.0 m，结构大部分被破坏，矿物成分显著变化，风

化裂隙很发育，岩石风化不均匀，岩芯呈碎块状。点荷载抗压强度在5.00～11.00，该层地基承载力特征值一般在500～800 kPa，变形模量为30.0～50.0 MPa。（该层局部地段有溶洞，洞高0.1～3.0 m，为全充填或半充填）。

③中风化石灰岩：根据已知的勘探资料，最大揭露厚度为15.0 m。组织结构部分破坏，沿节理面有次生矿物，风化裂隙较发育，岩芯呈短柱状、长柱状。单轴饱和抗压强度在10.00～70.00 MPa，该层地基承载力特征值一般在1000～2000 kPa，静弹性模量为20000～30000 MPa。（该层溶洞较发育，洞高0.1～8.0 m，为全充填或半充填）

通过近30年的城市建设勘察可知：洞隙率为10%～60%，为全充填或半充填，洞隙充填物为红黏土或砾石。洞隙发育在垂向上差别较大，大部分洞隙高度多在0.5～1.0 m，个别洞隙高度可达8 m，少部分洞隙高度为1～3 m。大约78%的洞隙位于基岩顶面以下10 m之内，22%的洞隙位于岩面以下10～20 m。洞隙之间的岩层（洞隙顶板）厚度平均0.3～1 m。

（3）长海县：本区浅层地层工程地质特性自上而下分述如下。

①第四系全新统坡洪积层（Q4^{dl+pl}）：粉质黏土：厚度在1.0～2.0 m，黄褐色，可塑状态，中压缩性，内含少量角砾，呈次棱角状，粒径为2～10 mm，硬杂质含量10%左右，该层局部分布。该层地基承载力特征值一般在140～160 kPa，压缩模量为3.0～6.0 MPa。该层是浅基础的主要持力层，同时也是基坑支护的主要地层。

②第四系全新统海积层（Q4^{m}）：粉细砂：厚度在1.5～2.5 m，黄褐色—灰褐色，松散—稍密，分选性好，级配差，该层局部分布。该层标准贯入（N）实测击数在8.0～16.0。该层地基承载力特征值一般在100～140 kPa之间，变形模量为4.0～15.0 MPa。该层是浅基础的主要持力层，同时也是基坑支护的主要地层。

③第四系全新统冲洪积层（Q4^{al+pl}）：卵（砾）石：厚度在0.5～2.5 m，稍密，成分主要为弱风化石英岩、片岩，亚圆状，粒径主要为50～200 mm，局部含漂石，粒径最大可达800 mm，含量约为70%，空隙间由中粗砂充填。主要分布于入海段。该层地基承载力特征值一般在200～240 kPa之间，变形模量15.0～30.0 MPa。该层是基坑支护的主要土层。

④元古界辽河群浪子山组二云片岩（Ptl）：

A. 全风化二云片岩：厚度在1.7～3.0 m，灰褐色，主要矿物为云母、石英、角闪石、绿泥石。变晶结构，片理构造。组织结构已基本破坏，但尚可辨认，有残余结构强度，岩芯呈砂土状，碎块可用手掰开，冲击可钻进。属极软岩，岩体极破碎，岩体基本质量等级V级，该层局部分布。该层标准贯入（N）实测击数在10.0～20.0。该层地基承载力特征值一般在200～250 kPa之间，变形模量为10.0～20.0 MPa。该层是基坑支护的主要地层。

B. 强风化二云片岩：根据已知的勘探资料，最大揭露厚度为5.0 m，灰褐色，主要矿物为云母、石英、角闪石、绿泥石。变晶结构，片理构造。组织结构大部分破坏，矿物成分显著变化，岩体风化节理裂隙很发育，岩芯呈碎块状，冲击钻进困难。判定属软岩，岩石完整性指数在0.15～0.35，岩石完整程度为破碎，岩石质量指标为较极差的，RQD<25，岩体基本质量等级Ⅴ级，该层分布较连续。该层地基承载力特征值一般在300～500 kPa之间，变形模量为20.0～40.0 MPa。该层是桩基础的主要持力层，同时也是基坑支护的主要地层。

3.6.2　大连市工程地质特性总体特点

（1）大连地区覆盖层厚度由海边向内陆由大逐渐变小，岩石基岩面埋深由海边向内陆逐渐变浅，最浅的区域0.5 m以下就可见到岩石，大连地区的岩石种类较多，大致有板岩、石灰岩、辉绿岩、片麻岩、片岩、石英岩、泥岩、页岩、粉砂岩、砾岩、泥灰岩、石英砂岩、白云岩、千枚岩等十几种，在金州还有煤层出现。

（2）大连地区软土发育较新，主要为第四系全新统，成因类型比较复杂，主要是全新统的海积软土以及随着晚全新世的海退，在原有的海积软土中广泛覆盖陆相（湖、河流相）近代沉积。软土主要是淤泥质土，其垂向分布呈现变化大的特点，厚度总体特点为从海岸线向内陆呈减少的趋势，埋深从0.3 m开始可达近25 m。软土岩性组合都类似，其垂向结构都为夹层状分布。

（3）大连地区红黏土分残坡积红黏土和次生红黏土。残坡积红黏土成因的红黏土主要由石灰岩和辉绿岩风化而成，成土后多残积在原地或稍经近距离搬运，残积成因的红黏土主要分布在辉绿岩墙发育的低山和缓坡地区和石灰岩地形平坦地区。辉绿岩墙形成的红黏土颗粒极细，厚度也较大，由几米至十几米，在水平方向上厚度变化不大，在垂直方向上和原岩呈逐渐过渡的关系，没有明显界线，由灰岩残坡积形成的红黏土主要分布在大连市区北部甘井子-金南路-新寨子一带的石灰岩分布的低丘和盆地地区。金州开发区的小窑湾、金沙滩和新港也有类似分布。土层厚度在水平方向上变化很大，严格受基岩面起伏形态控制，和原岩界线清晰。市内的大化、大钢、大纺、金南路等都可见到，有引起地段仅分布在溶槽和溶沟中，如大化红黏土厚度由0.9～19 m不等，金泡路也如此。次生红黏土主要由冰积和洪积形成，即由残积和坡积成因的红黏土经洪水和冰川的作用稍经搬运，并在搬运过程中混进一些砾石，使红黏土的成分有所改变，多堆积在距红黏土形成地段不远的山坡脚和冲沟的两侧或海岸二级阶地呈条带状分布。如金南路六小区、新港的苏达山、大连湾的棉花岛及附近的海岸带都有分布，即所谓红黏土混碎石层。次生红黏土较厚且稳定固结较好，多呈硬塑状态，一般少具上硬下软的特征载力较高，是很好的浅基础的持力层。

大连地区红黏土分布于旅顺口区（铁山街道、江西街道、三涧堡街道）、甘井子区（营城子街道、辛寨子）以及大连经济开发区丘陵坡麓地带。土体由第四系中更新统坡洪积黏性土夹砾石、碎石黏土层组成溶性碳酸盐岩之上，厚度为0.4～20.0 m。红黏土天然含水量大，几乎与塑限相等，孔隙大，压缩性小，一般为中压缩性。但由于表面地形起伏，下伏碳酸盐岩岩体岩溶发育，地面侵蚀切割较强烈，土体网状裂隙发育，浸水后软化。 在地形低洼或下伏基岩面低洼易积水地段，土体含水量增大，使之也处于软塑、流塑状态，力学强度降低，压缩性增高，即红黏土的物理力学性质因含水量的不同而差异很大。

（4）大连地区海滨及甘井子区岩溶地质发育较广，主要存在于石灰岩和泥灰岩中。岩溶洞隙大小不一，呈"串珠状"垂向成层分布，洞隙顶板厚度差别较大，大连湾和尚岛、大窑湾北岸、黑石礁是岩溶不良地质发育较为严重的地区。大连岩溶发育地段多处于金州大断裂构造线附近，板块挤压导致岩石较为破碎，岩溶沿破碎带裂隙发育，形成岩溶裂隙水与地下水和海水连通，有利于岩溶洞隙的形成。大连地区的岩溶地质发育特点归纳总结如下：① 岩溶竖向裂隙发育为主，横向空间发育小；② 岩溶洞隙大小不一，呈"串珠状"垂向成层分布，洞隙顶板厚度差别较大；③ 岩溶 V 形溶沟溶槽特征，基岩面起伏较大。

（5）大连东港地区靠近海边区域主要是填海区，填料基本是大块石，厚度为5～20 m不等，工程性质很差，海水渗透很严重，因此，在基础施工和基坑支护施工时应引起足够的重视，一般采用咬合桩止水帷幕来处理海水渗透的问题。

（6）大连市区潜水+基岩裂隙水稳定水位为0.1～16.7 m，普兰店区潜水+基岩裂隙水稳定水位为0.5～6.5 m，瓦房店市潜水+基岩裂隙水稳定水位为0.6～8.4 m，庄河市潜水稳定水位为0.2～8.5 m。场地地貌较单一，地层较稳定，地基较均匀，适宜建筑用地。对于荷载和变形要求不高的建筑物，可采用独立基础，一般以粉质黏土、细砂、粗砂为基础持力层；对于荷载和变形要求较高的建筑物，本地区一般采用人工挖孔桩和钻（冲）孔灌注桩、泥浆护壁钻孔桩等桩型，也可以采用筏板基础、桩筏基础等，以砾砂、圆砾（角砾）、强风化岩石、中风化岩石等为桩端持力层；对于软土较厚地区也可以采用预应力管桩，以砾砂、圆砾（角砾）、强风化岩石、中风化岩石等为桩端持力层；对于软土较厚地区也可以进行地基处理，处理方式可以采用高压旋喷桩复合地基、振冲碎石桩复合地基等。

第4章 辽宁各地区岩土工程对策

4.1 天然地基

地基是支承基础的土体或岩体。天然地基,顾名思义,就是天然的支承基础的土体或岩体,不需要人工处理的土体或岩体。

从建筑经济性上考虑,选择天然地基作为基础持力层是非常经济的,节省地基处理或桩基础等工程成本。天然地基需要提供足够大的承载力、较小的变形量,以及保证建筑物的整体稳定。当天然地基不能满足设计要求时,只能采用地基处理或者桩基础等方式。

辽宁各地区的地层分布各不相同,分市区归纳总结分析辽宁天然地基情况,是对以前建筑地基经验的汇总,也是对未来建筑地基选择的指导。

4.1.1 浅基础形式

天然地基上的浅基础结构比较简单,最为经济,在能满足设计要求的前提下,宜优先选用。天然地基上的浅基础形式有扩展基础、柱下条形基础、筏形基础、箱形基础等。

(1)扩展基础:墙下条形基础和柱下独立基础统称为扩展基础。扩展基础的作用是把墙或柱的荷载侧向扩展到土中,使之满足地基承载力和变形的要求。扩展基础包括无筋扩展基础和钢筋混凝土扩展基础。

① 无筋扩展基础:无筋扩展基础是指用砖、毛石、混凝土、毛石混凝土、灰土和三合土等材料组成的墙下条形基础或柱下独立基础,适用于多层民用建筑和轻型厂房。因为无筋扩展基础是由抗压性能较好,而抗拉、抗剪性能较差的材料建造的基础,基础需具有非常大的截面抗弯刚度,受荷后基础不允许挠曲变形和开裂,所以,过去习惯称其为"刚性基础"。我国古代建筑中的楼、台、亭、阁也都采用这种基础形式。

② 钢筋混凝土扩展基础:扩展基础是指柱下钢筋混凝土独立基础和墙下钢筋混凝土条形基础。采用钢筋混凝土提高了基础的抗弯和抗剪性能,克服了无筋扩展基础台阶允许宽高比的限制,适合需要"宽基浅埋"的场合使用。

由于钢筋混凝土基础是以钢筋受拉、混凝土受压为特点的结构,即当考虑地基与基础相互作用时，将考虑基础的挠曲变形，因此，相对于“刚性基础”（无筋扩展基础）而言，也有人称其为“柔性基础”“弹性基础”。

独立基础是整个或局部结构物下的无筋或配筋的单个基础。通常，柱、烟囱、水塔、高炉、机器设备基础多采用独立基础。独立基础是柱基础中最常用和最经济的形式。

条形基础是指基础长度远远大于其宽度的一种基础形式，按上部结构形式，可分为墙下条形基础和柱下条形基础两种，墙下条形基础有无筋和配筋两种形式。墙下条形基础在砌体结构中得到广泛应用，一般做成板式，为了增强基础的整体性和纵向抗弯能力，减小不均匀沉降，常常采用带肋的墙下条形基础。

（2）柱下条形基础：柱下条形基础是指同一排的柱基础连通成为柱下钢筋混凝土条形基础，或者将柱连通成交叉条形基础。对比柱下独立基础，此基础类型承担的上部结构荷载更大，具有良好的调整不均匀沉降的能力。

（3）筏形基础：筏形基础是一个钢筋混凝土平板，用以支承上部结构的柱、墙或设备。板的厚度决定于土质情况及上部结构荷重的分布和大小。当地质条件基本均匀和土质较软时，由于筏板减少了地基附加压力，埋深又很浅，效果很好。但柱下筏基由于柱荷载为集中荷载，筏基基底压力的分布决定于筏板厚度及柱间距离，同时还必须满足抗冲切要求，所以，筏板有时会非常厚。为了减少筏板厚度，又出现了加肋的筏板，还有采用在柱子下增加板厚的柱下墩或柱上墩，如图4.1所示。

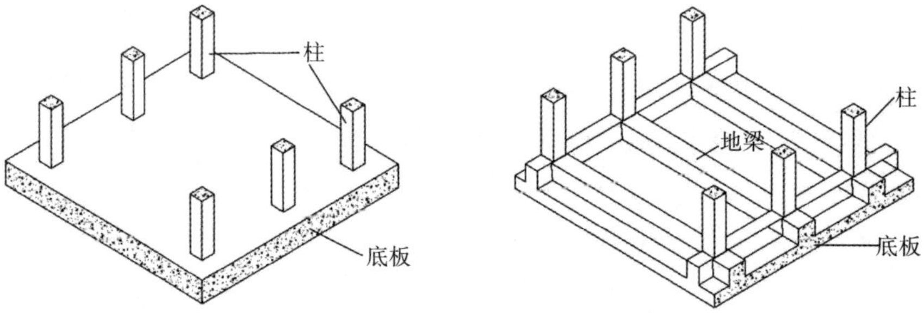

图4.1　筏板基础

对于上部结构刚度较好的多层民用房屋，筏基能增加整体性，增加结构与地基相互作用；筏基可将上部结构的荷载较均匀地分配到地基上，从而减少地基的附加应力，在与上部结构共同工作的条件下使沉降比较均匀，减小相对沉降；当地震波经过地基时，房屋各部分不受波的运动影响而出现差异变形。

随着经济的发展，建筑用地价格不断上涨，建筑地下空间需求日益增大，由于筏形基础能够提供比较宽敞的地下使用空间，筏板基础以及其与桩基础相结合的桩筏基础成为目前建筑物主要基础形式。

（4）箱形基础：箱形基础（见图4.2）是由钢筋混凝土的底板、顶板、外墙和内隔墙组成的有一定高度的整体空间结构，适用于软弱地基上的高层、重型或对不均匀沉降有严格要求的建筑物。高层建筑的箱基往往与地下室结合考虑，它的地下空间可作人防、设备间、库房、商店以及污水处理等。箱基比筏基具有更大的刚度，可大大减少建筑物的相对弯矩，同时可利用箱基所排除的土重，减少地基的附加压力及沉降。利用箱基的空间可做成通风隔热层，解决窖体温度过高而引起地基土的冻胀问题，或解决冷藏库温度过低而引起地基土的冻胀问题。多层箱基具有很大的刚度，即使在上部结构刚度较差，荷重不均匀的情况下也能满足地基变形的要求。另外，箱基具有较好的抗震功能，并能减少上部结构在地震运动中的损坏。

箱形基础纵横交错的隔墙能够提供较大的刚度，但同时也将地下空间分割开来，不能提供较为宽敞的地下使用空间，降低了空间利用率，不能够满足日益增大的地下空间使用需求。因此，箱形基础逐渐淡出人们的视野，被空间利用率较高的筏形基础取代。

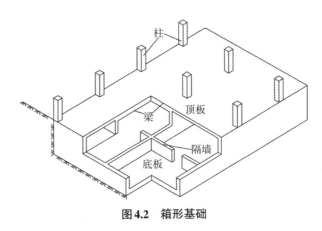

图4.2　箱形基础

4.1.2　辽宁天然地基浅基础发展情况

（1）天然地基与上部结构、基础的关系：《建筑与市政地基基础通用规范》（GB 550033—2021）作为强制性条文，列出了地基基础设计应该满足的要求。该条条文首先要求地基计算均应满足承载力计算的要求。其次，对地基变形有控制要求的工程结构，均应按地基变形设计。最后，对受水平荷载作用的工程结构或位于斜坡上的工程结构，应进行地基稳定性验算。

因此，不论建筑物基础形式采用浅基础还是深基础，地基采用天然地基还是人工地基，地基均需要满足承载力、正常使用状态下的变形以及稳定性的要求。

在基础工程设计时，首先必须有一个上部结构—基础—地基相互作用的整体概念。要了解上部结构的特点、基础的作用，以及在各种地基上可能出现的问题。建筑物的形状、功能影响到建筑物结构形式选择，结构形式影响着基础的确定，地基情况影响到基础形式、上部结构沉降量以及稳定性。

上部结构、天然地基以及基础类型对应表见表4.1。

表4.1 上部结构、天然地基与基础类型选择

上部结构类型	天然地基性质	基础类型
多层砖混结构	土质均匀，承载力较高，无软弱下卧层，地下水位以上，荷载不大（5层以下建筑物）	无筋扩展基础
	土质均匀性较差，承载力较低，有软弱下卧层，基础需浅时	墙下钢筋混凝土条基或墙下十字交叉钢筋混凝土条基
	土质均匀性差，承载力低，荷载较大，采用条基面积超过建筑物投影面积50%时	墙下筏形基础
框架结构	土质较均匀，承载力较高，荷载相对较小，柱分布均匀	柱下钢筋混凝土独立基础
	土质均匀性较差，承载力较高，荷载较大，采用独立基础不能满足要求	柱下钢筋混凝土条基，或柱下十字交叉钢筋混凝土条基
框架结构	土质不均匀，承载力低，荷载大，柱网分布不均，采用条基，面积超过建筑物投影面积50%	柱下筏形基础
全剪力墙结构	地基土层较好，荷载分布均匀	墙下钢筋混凝土条基
	当上述条件不能满足时	墙下筏形基础或箱基
高层框架、框架剪力墙、核心筒结构（有地下室）	可采用天然地基时	筏形基础或箱形基础

对于砌体结构，采用天然地基时，根据上部结构荷载、地基承载力等，可以选择无筋扩展基础、墙下钢筋混凝土条形基础或墙下十字交叉钢筋混凝土条形基础、墙下筏形基础。

对于框架结构，采用天然地基时，根据上部结构荷载、地基承载力等，可以选择柱下钢筋混凝土独立基础、柱下钢筋混凝土条形基础或柱下十字交叉钢筋混凝土条形基础、柱下筏形基础。

对于全剪力墙结构，采用天然地基时，根据上部结构荷载、地基承载力等，可以选择墙下条形基础、筏形基础或箱形基础。

对于高层框架、框架剪力墙、框架筒体等结构，可采用天然地基时，可以采用筏形基础或箱形基础。

（2）辽宁天然地基发展情况：随着年代的推进，经济的发展，建筑技术的提高，以及人们对建筑使用功能的新要求，建筑物形式发生着巨大的变化。以辽宁地区民用建筑为例，20世纪90年代之前，建筑物以多层（6层以下）建筑为主，绝大多数建筑物都是砌体结构，钢筋混凝土结构较为少见。90年代后，钢筋混凝土建筑物逐渐成为主流，钢筋混凝土能够让楼房盖得更高、房屋结构布局更加灵活、抗震性能更好。钢筋混凝土框架结构、框架—剪力墙结构成为主要建筑结构形式。进入21世纪之后，框架—筒体

结构、筒体结构等也随着摩天大楼如雨后春笋般出现在辽宁各大城市。

砌体结构是20世纪90年代之前辽宁主要民用建筑结构，楼高一般不超过24 m，楼层数目一般不超过6层，没有地下室。中国建筑东北设计研究院作为国家标准《砌体结构通用规范》（GB 55007—2021）主编单位，在辽宁地区对砌体结构是有着相当深厚研究与实践应用的。这类建筑物层数少，结构质量小，建筑物整体荷载小。这些砌体结构中，纵横墙作为竖向承重构件，将楼板活载和恒载传递给基础，再通过基础传递给地基。因为纵横墙为竖向承重构件，基础通常采用的是墙下条形基础。墙下条形基础是浅基础的一种常见形式，基础埋置深度一般较浅，除了承载力和变形的要求，还要考虑到辽宁季节性冻结深度的影响，因此大多数条形基础埋置深度为地表下2~3 m。这个深度范围的天然土层大多数为黏性土，承载力特征值为100~150 kPa，地基承载力通过修正一般可以满足要求，对于不满足要求的地基，可以采用地基处理等方式。

20世纪90年代以后，越来越多的混凝土结构出现，多层砌体结构建筑物逐渐减少。目前，辽宁大中城市新建建筑已鲜有砌体结构，小县城或农村还存在一定数量的新建砌体建筑。在多层建筑中，经常采用的是框架混凝土结构，高层建筑中经常采用的是框架或者框架剪力墙混凝土结构，超高层建筑经常采用的是框剪结构或框筒结构等。

在框架结构中，采用质量更小的砌块代替实心的砖砌体，在一定程度上减小了建筑物荷载。框架柱为竖向承重构件，将楼面活载和恒载传递地给基础，基础再传递给地基。基础形式经常采用柱下独立基础、柱下条形基础。基础埋置深度较浅，基底荷载不大时，采用的都是天然地基，有一些地层不好或者基底荷载大的建筑物，很多都采用的是柱下桩基的形式。剪力墙结构、核心筒结构中，剪力墙为竖向承重构件，这些建筑物重量大，经常采用箱形基础或者筏形基础。箱形基础和筏形基础也是有地下室建筑经常采用的基础形式。在21世纪初期，地下室大多数用来做储藏室、自行车停放处等，所以箱形基础应用非常多。后来地下车库的需求越来越大，地下室层数越来越多，筏形基础应用的越来越广泛。带地下室的建筑，基础埋深较深，很多建筑都可以采用天然地基。不满足要求的建筑采用地基处理或桩基础。沈阳地区的绝大部分摩天大楼都是将厚重的筏板坐在了砾砂层上，大大降低了建筑基础成本。

4.1.3 沈阳市超高层建筑物天然地基基础研究及实践

随着城市经济快速发展，城市建设投入越来越大，超高层建筑如雨后春笋般出现在各大城市，各地不断刷新地标建筑，刷新摩天大楼的高度。沈阳地区的超高层建筑数量也是非常可观的（见图4.3）。据不完全统计，目前，沈阳地区建筑物高度超过100 m的建筑单体总数超过60栋，超过200 m建筑单体总数31栋，已建成最高建筑物高度为350 m，拟建（在建）最高建筑物为568 m。这些超高层建筑分布特点为集中在浑河以北城市中心地区。

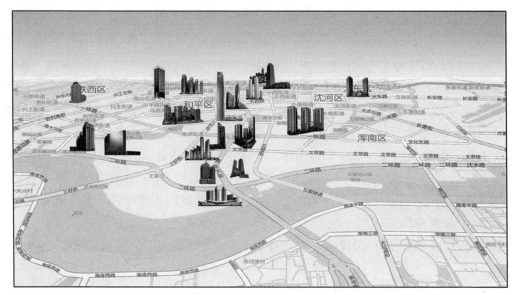

图4.3 沈阳超高层建筑分布图

超高层建筑基础形式，根据地层条件选用桩基础、筏基础或桩筏基础等。沈阳城区地层分布情况见前文介绍，主要是中粗砂层、砾砂层和圆砾等，其中砾砂和圆砾作为超高层建筑物基础持力层的潜力，在工程实践中逐步被挖掘，目前沈阳采用天然地基作为基础持力层的超高层建筑高度已经超过300 m。

（1）沈阳市超高层建筑物建设情况：据不完全统计，沈阳市区内已建和在建的超限高层项目包括：宝能金融中心、华强城市广场、市府恒隆广场、世贸、茂业中心、裕景中心、乐天世界、新世界国际会展中心、盛京金融广场、友谊商城、华府天地、华润悦府、万科春河里、奕聪花园、新夏宫、东大国际中心、皇朝万鑫、中汇广场、新恒基国际大厦、辽宁日报传媒集团、华丰文化广场、金地滨河国际、雅宾利花园，等等。

沈阳地区建筑高度超过150 m的超高层建筑物统计情况如表4.2所示。建筑物地下室层数为3~5层，基础底部深度为15~20 m，这个深度范围的地层为砾砂或圆砾。建筑物一共为120栋，采用桩基础的建筑物为6栋，其余全部采用筏形基础。从此项数据可以看出，沈阳城区天然地基作为超高层建筑物基础持力层，已经是非常成熟的方案。

最高建筑物为宝能金融中心T1楼，拟建建筑物高度为568 m，采用的是桩基础，目前该项目还在建设中。采用筏形基础的最高建筑物为城市华强广场，高度达到309 m。

表4.2 沈阳超高层建筑一览表（高度超过150 m）

序号	名称	地上层数	地下层数	建筑高度/m	基础形式	备注
1	宝能金融中心T1	113	5	568	桩基	
2	宝能金融中心T2	87	5	318	筏基	
3	宝能中心T3~T7	56~59	5	194~207	筏基	5栋
4	盛京金融广场T1	56	4	265.6	筏基	

表4.2（续）

序号	名称	地上层数	地下层数	建筑高度/m	基础形式	备注
5	盛京金融广场T2	64	4	298.9	筏基	
6	盛京金融广场T3	34	4	180.6	筏基	
7	盛京金融广场住宅	60~61	4	185~194	筏基	12栋
8	乐天地标塔	59	4	275	筏基	
9	龙之梦亚太中心A/B	55	3	255	筏基	2栋
10	市府恒隆广场	70	4	350.6	桩基	
11	沈阳裕景中心	53	4	178	筏基	3栋
12	东北传媒文化广场	43	3	187.7	筏基	
13	世纪华丰文化广场	55	3	200	筏基	2栋
14	沈阳世贸中心	69	3	285	筏基	
15	沈阳茂业城办公楼	71	3	291	筏基	
16	沈阳茂业城公寓	54	3	180	筏基	
17	沈阳茂业城住宅	43	3	154	筏基	
18	新世界会展中心	57	3	237	桩基	
19	新世界会展中心	42	3	186	桩基	
20	沈阳夏宫A	40	3	186	桩基	
21	沈阳夏宫B	40	3	219	桩基	
22	沈阳东大国际中心	46	3	218	筏基	
23	东森总部商务广场	55	3	200	筏基	
24	华强广场1#楼	74	4	309	筏基	
25	华强广场2#楼	55	4	191	筏基	
26	华强城市广场3#楼	41	4	152	筏基	
27	沈阳世茂T3	63	4	239	筏基	
28	沈阳世茂T4~T10	45~58	4	168~196	筏基	7栋
29	沈阳朗勤泰元中心	43	3	180	筏基	
30	沈阳瑞宝国际大厦	45	3	170	筏基	
31	沈阳丽湾国际	47	3	167	筏基	
32	沈阳泛华广场	38	3	150	筏基	
33	万科春河里8~12#	38~45	3	139~154	筏基	
34	金碧辉煌	45	3	183	筏基	
35	嘉里雅颂居	47	3	150	筏基	6栋
36	东环广场	49	3	159	筏基	

表4.2（续）

序号	名称	地上层数	地下层数	建筑高度/m	基础形式	备注
37	东北电力调度交易中心大楼	45	3	180	筏基	
38	皇朝万鑫大厦	43	3	180	筏基	2栋
	总计			120栋		

（2）天然地基承载力理论：为了满足地基强度和稳定性的要求，设计时必须控制基础底面最大压力不得大于某一界限值；按照不同的设计思想，可以从不同的角度控制安全准则的界限值——地基承载力。地基承载力有三种不同的设计原则：即总安全系数设计原则、容许承载力设计原则和概率极限状态设计原则。

① 总安全系数设计原则：将安全系数作为控制设计的标准，在设计表达式中出现极限承载力的设计方法，称为安全系数设计原则。为了和分项安全系数相区别，通常称为总安全系数设计原则。国外普遍采用极限承载力公式，我国有些规范也采用极限承载力公式。

② 容许承载力设计原则：将满足强度和变形两个基本要求作为地基承载力控制设计的标准。地基设计是采用正常使用极限状态原则，所选定的地基承载力是在地基土的压力变形曲线线性变形段内相应于不超过比例界限点的地基压力。我国最常用的方法即为容许承载力设计原则，积累了丰富的工程经验。

③ 概率极限状态设计原则：我国《建筑地基基础设计规范》（GB 50007—2011）采用了概率极限状态设计原则，但由于在基础设计中有些参数统计存在困难和统计资料不足，在很大程度上还要凭经验确定参数。地基承载力特征值即为在发挥正常使用功能时所允许采用的抗力设计值，因此，地基承载力特征值实际上就是地基容许承载力。

（3）天然地基极限承载力计算公式。

① 极限承载力理论计算公式：地基的极限承载力 p_u 是地基承受基础荷载的极限压力。根据推导时的不同假定条件，所得到的极限承载力计算公式也不同，常用的计算公式主要有普朗德尔公式、太沙基公式和汉森公式等。

普朗德尔根据塑性理论，推导出了刚性冲模压入无质量的半无限刚塑性介质时的极限压应力公式，对应于地基承载力中，相当于一个无限长、底面光滑的条形荷载板置于无质量的土表面上。在土体处于极限平衡状态时，塑性区可以分为主动朗肯区、被动朗肯区和夹在中间的对数螺旋曲面区域。普朗德尔地基极限承载力公式为：

$$p_u = cN_c$$

$$N_c = \cot\varphi\left[\tan^2\left(45° + \frac{\varphi}{2}\right)e^{\pi\tan\varphi} - 1\right]$$

普朗德尔地基极限承载力公式假设与工程实践差距较大，因此，仅是一个近似公式。

太沙基假定基础底面是粗糙的，基底与土之间的摩阻力阻止了基底处剪切位移的发生，因此，直接在基底以下的土不发生破坏而处于弹性平衡状态。太沙基地基极限承载力公式为：

$$p_u = cN_c + qN_q + \frac{1}{2}\gamma bN_\gamma$$

式中，　　q ——基底水平面以上基础两侧的荷载；

　　　　　b ——基底的宽度；

N_c，N_q，N_γ ——无量纲承载力因数，仅与土的内摩擦角有关。

汉森在前人公式的基础上，提出多种修正，包括非条形荷载的基础形状修正，埋深范围内考虑土抗剪强度的深度修正，基底有水平荷载时的荷载倾斜修正，地面有倾角时的地面修正以及基底有倾角的基底修正。汉森地基极限承载力公式为：

$$p_u = cN_cS_cd_ci_cg_cb_c + qN_qS_qd_qi_qg_qb_q + \frac{1}{2}\gamma bN_\gamma S_\gamma d_\gamma i_\gamma g_\gamma b_\gamma$$

式中，　S_c，S_q，S_γ ——基础的形状系数；

　　　　i_c，i_q，i_γ ——荷载倾斜系数；

　　　　d_c，d_q，d_γ ——基础的深度系数；

　　　　g_c，g_q，g_γ ——地面倾斜系数；

　　　　b_c，b_q，b_γ ——基底倾斜系数。

汉森公式是个半经验公式，适用范围广泛，北欧各国应用较多。我国《港口工程技术规范》（第五篇，地基）也推荐使用该公式。

②《高层建筑岩土工程勘察标准》（JGJ/T 72—2017）极限承载力估算公式：我国《高层建筑岩土工程勘察标准》（JGJ/T 72—2017）附录B中给出了天然地基极限承载力估算公式，该经验公式为：

$$f_u = \frac{1}{2}N_\gamma\zeta_\gamma b\gamma + N_q\zeta_q\gamma_0 d + N_c\zeta_c\bar{c}_k$$

$$f_{ak} = f_u/K$$

式中，ζ_γ，ζ_q，ζ_c ——基础形状修正系数。

　　　　b ——基础底面宽度，当基础底面宽度大于6 m时，取$b = 6$ m。

　　γ_0，γ ——分布为基底以上和基底组合持力层的土体平均重度。位于地下水位以下且不属于隔水层的土层取浮重度；当基底土层位于地下水位以下但属于隔水层时，γ 可取天然重度；如基底以上的地下水与基底高程处的地下水之间有隔水层，基底以上土层在计算γ_0时可取天然重度。

　　　　d ——基础埋置深度。

　　　　$\bar{c}_k$ ——地基持力层代表黏聚力标准值。

　　　　K ——安全系数，应根据建筑安全等级和土性参数的可靠性在2~3选取。

③ 各计算公式计算结果对比：将采用普朗德尔公式、太沙基公式、汉森公式以及

规范公式计算得到的地基极限承载力结果列于表4.3和表4.4，并与现场载荷板试验做对比。发现各个公式计算结果和实测载荷试验加修正结果差异很大，个别公式比较接近。总体来看，理论计算结果偏大，在实际工程中不好掌握，给应用带来难度。

表4.3　结构压重折算 $q = 0$ kPa

公式	地层参数	宽度/m	基础埋深/m	水位埋深/m	极限承载力/kPa	承载力特征值/kPa
太沙基	$C = 0$，$\Phi = 40°$	30	20	8	16875	8437
汉森	$C = 0$，$\Phi = 40°$	30	20	8	7731	3865
高规公式	$C = 0$，$\Phi = 40°$	30	20	8	2954	1477
载荷板试验						1200～2500 深宽修正300

表4.4　结构压重折算 $q = 100$ kPa

公式	地层参数	宽度/m	基础埋深/m	水位埋深/m	极限承载力/kPa	承载力特征值/kPa
太沙基	$C = 0$，$\Phi = 40°$	30	20	12	24905	12452
魏锡克	$C = 0$，$\Phi = 40°$	30	20	12	21170	10585
汉森	$C = 0$，$\Phi = 40°$	30	20	12	20636	10318
高规公式	$C = 0$，$\Phi = 40°$	30	20	12	10985	5492
载荷板试验						1200～2500 深宽修正444

（4）天然地基承载力特征值。

①《建筑地基基础设计规范》（GB 50007—2011）承载力特征值计算公式：1974年版《建筑地基基础设计规范》建立了土的物理力学性质与地基承载力之间的关系，1989年版《建筑地基基础设计规范》仍保留了地基承载力表，并在使用上加以适当限制。承载力表是用大量的试验数据，通过统计分析得到的。由于我国地域辽阔，土质条件各异，承载力表格很难概括全国的土质地基承载力规律。用查表法确定地基承载力，在大多数地区可能基本适合或偏于保守，但也不排除个别地区可能不安全。此外，随着设计水平的提高和对工程质量的要求趋于严格，变形控制已是地基设计的重要原则。因此，作为国标，承载力查表法显然已不再适应当前的要求，所以，后续版规范取消了承载力表格。但允许各地区根据试验经验和地区经验，制定地方性建筑地基规范，确定地基承载力表等设计参数。

《建筑地基基础设计规范》（GB 50007—2011）给出几种地基承载力特征值计算公式。

当偏心距小于或等于0.033倍基础底面宽度时，根据土的抗剪强度指标确定地基承载力特征值可按下式计算，并应满足变形要求：

$$f_a = M_b \gamma b + M_d \gamma_m d + M_c c_k$$

式中，　　f_a——由土的抗剪强度指标确定的地基承载力特征值。

M_b，M_d，M_c——承载力系数。

b——基础底面宽度，大于6 m时按6 m取值，对于砂土小于3 m时按3 m取值。

c_k——基底下一倍短边宽度的深度范围内土的黏聚力标准值。

当基础宽度大于3 m或埋置深度大于0.5 m时，从载荷试验或其他原位测试、经验值等方法确定的地基承载力特征值，应按照下式修正：

$$f_a = f_{ak} + \eta_b \gamma(b - 3) + \eta_d \gamma_m(d - 0.5)$$

式中，f_a——修正后的地基承载力特征值。

f_{ak}——地基承载力特征值。

η_b，η_d——基础宽度和埋置深度的地基承载力修正系数，按基底下土的类别查表。

② 沈阳地区承载力特征值影响因素：沈阳地区超高层建筑特点是基础埋深大，水位高，主楼周边超载条件差异大，承载力特征值计算结果差异明显。

A. 主楼周边超载条件对承载力的影响：地层的内摩擦角为40°，基础埋深20 m，实测浅层平板载荷试验承载力为1000 kPa，基础宽度为30 m，水位埋深10 m，主楼周边超载等效土层厚度从0变化到20 m，计算结果如表4.5及图4.4所示。

表4.5　承载力特征值理论计算结果

等效土层厚度/m	理论计算承载力特征值/kPa	修正计算承载力特征值/kPa
0	313	1081
5	1071	1358
10	1830	1666
15	2589	1974
20	3348	2282

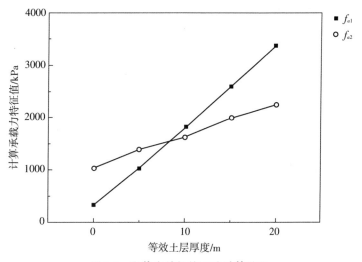

图4.4　承载力特征值理论计算结果

从以上图表可以看出：针对沈阳砂土地层条件，承载力特征值理论计算值对于主楼超载过大或过小（小于100 kPa及大于400 kPa）时出现异常，公式不适用；承载力特征值理论计算值随主楼超载增加而快速增长；承载力特征值修正计算值相对承载力特征值理论计算值更为合理，也可满足工程需要。

B. 地下水埋深对承载力的影响：地层的内摩擦角为40°，基础埋深20 m，实测浅层平板载荷试验承载力为1000 kPa，基础宽度为30 m，主楼周边无裙房，土层厚度为20 m，地下水位埋深从0变化到24 m，计算结果如表4.6所示。

表4.6　承载力特征值理论计算结果

等效土层厚度/m	理论计算承载力特征值/kPa	修正计算承载力特征值/kPa
6	2914	2110
10	3348	2282
16	3998	2539
20	4432	2711
24	4780	2801

地层的内摩擦角为40°，基础埋深为20 m，实测浅层平板载荷试验承载力为1000 kPa，基础宽度为30 m，主楼周边裙房等效土层厚度为10 m，地下水位埋深从0变化到24 m，计算结果如表4.7及图4.5所示。

表4.7　承载力特征值理论计算结果

等效土层厚度/m	理论计算承载力特征值/kPa	修正计算承载力特征值/kPa
6	1613	1586
10	1830	1669
16	2156	1795
20	2373	1875
24	2721	1969

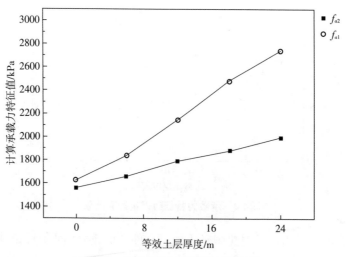

图4.5　承载力特征值理论计算结果

从以上图表可以看出：针对沈阳砂土地层条件，承载力特征值理论计算值对于地下水位的变化更敏感，随地下水位埋深增大，承载力特征值快速提高，其提高速率明显高于承载力特征值的提高速率；当主楼周边裙房等效土层厚度较大，地下水位埋深超过10 m以后，承载力特征值理论计算值过大，公式适用性差；承载力特征值修正计算值随水位埋深变化较为合理，修正值可满足工程需要。

C. 结论：对于以上计算中三种典型工况：浮力和周边裙房压力平衡或浮力大于周边裙房压力的工况；裙房基底压力等效一定土层厚度作为埋深工况；水位在基底以下，周边无裙房工况。前两种工况在实际民用建筑中经常出现，后一种工况在工业建筑中较常见。

同样一个地层，仅仅是水位及周边超载条件的改变，用于设计的计算承载力差异很大，不论是承载力特征理论值还是极限理论值，总体上计算值偏大，个别情况异常偏小，反映出计算公式不适用。

4.1.4　对沈阳地区"粗颗粒土的本构模型研究"的研究

中国建筑东北设计研究院有限公司的"辽宁省岩土与地下空间工程技术研究中心"陈晨博士等针对沈阳地区"粗颗粒土的本构模型研究"专门列科研课题，旨在研究本地砂土力学特性，为深埋浅基础地基承载力研究提供可靠数据。

针对粗颗粒粗砂、砾砂、圆砾，采用三轴试验，重塑粗砂、砾砂、圆砾，对不同密实度与应力—应变关系进行了试验研究。

粗颗粒土的三轴试验原状样基本参数如表4.8所示。

表4.8　土物理参数

土样名称	含水率	比重	孔隙比	干密度/（g·cm⁻³）	最小干密度/（g·cm⁻³）	最大干密度/（g·cm⁻³）	相对密实度
中粗砂	11.1%	2.66	0.738	1.53	1.37	1.65	0.62
砾砂	28.5%	2.63	0.665	1.58	1.35	1.75	0.67
圆砾	21.0%	2.62	0.517	1.72	1.55	2.09	0.70

现场取原状样各级别砂样各36组，分别进行颗粒分析试验、密度试验、含水量试验、颗粒比重试验、相对密实度试验，得出中粗砂基本物理参数。

三轴固结排水剪切试验（CD试验）试样为圆柱体，直径为100 mm，高度为200 mm，根据原状样干密度对重塑样设计了4种工况，4种工况的试样分别在100 kPa、200 kPa、300 kPa围压下进行试验，每种粒径各有36组。试样统计见表4.9。

三轴固结排水剪切试验共分为制样、饱和、固结、剪切四大部分。

表4.9　中粗砂重塑试样三轴剪切试验试样个数统计表

$D_{r1} = 0.7(\rho_d = 1.53 \text{ g/cm}^3)$			
试验围压/kPa	100	200	300
试样个数/个	3	3	3

$D_{r2} = 0.6(\rho_d = 1.50 \text{ g/cm}^3)$			
试验围压/kPa	100	200	300
试样个数/个	3	3	3

$D_{r3} = 0.5(\rho_d = 1.47 \text{ g/cm}^3)$			
试验围压/kPa	100	200	300
试样个数/个	3	3	3

$D_{r4} = 0.4(\rho_d = 1.44 \text{ g/cm}^3)$			
试验围压/kPa	100	200	300
试样个数/个	3	3	3

以沈阳地区中粗砂为例，为探讨相对密实度对土体强度特性及变形特性的影响，分别选取4种不同相对密实度的中粗砂重塑样（D_r = 0.4，0.5，0.6，0.7）进行三轴剪切试验。得到中粗砂的偏应力（$\sigma_1 - \sigma_3$）—轴向应变ε_1关系曲线如图4.6至图4.8所示（砾砂、圆砾试验与中粗砂类似）。

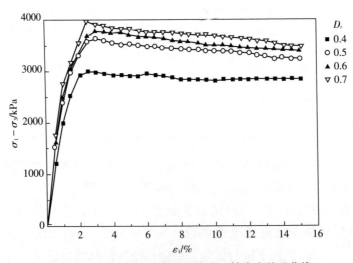

图4.6　σ_3 = 100 kPa中粗砂偏应力—轴应力关系曲线

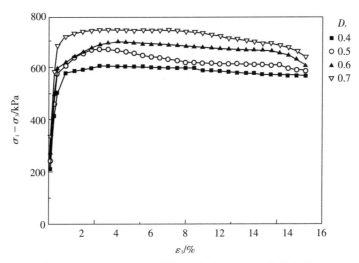

图4.7　$\sigma_3 = 200\,\text{kPa}$ 中粗砂偏应力—轴应力关系曲线

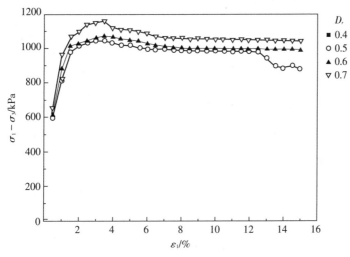

图4.8　$\sigma_3 = 300\,\text{kPa}$ 中粗砂偏应力—轴应力关系曲线

通过分析图4.6至图4.8可知，中粗砂的应力—应变曲线呈现如下规律：在相同相对密实度条件下，中粗砂的峰值强度会随着围压σ_3的增大而逐渐增大；围压从100 kPa增大至300 kPa，中粗砂峰值强度增大2.8~3倍；在相同的围压σ_3条件下，中粗砂的偏应力（$\sigma_1 - \sigma_3$）—轴向应变ε_1曲线的斜率会随相对密度D_r的增大而逐渐增大。这也说明初始状态下的砂土越密实，其初始切线模量E_i也越大。围压从100 kPa增大至300 kPa，中粗砂初始切线模量增加31%~39%；随中粗砂相对密实度D_r的增加，其峰值强度（$\sigma_1 - \sigma_3)f$也会相应增大；相对密实度从0.4增大至0.7时，中粗砂峰值强度增加20%~35%。

4.1.5　辽宁省地方标准天然地基承载力值

将辽宁省地方标准涉及沈阳天然地基承载力建议值整理如下。

（1）《沈阳市城区桩基础设计与施工暂行规程》（SYJB1—91）：该规程中给出了$N_{63.5}$

与中砂、粗砂、砾砂、圆砾、卵石承载力标准值及变形模量关系（见表4.10）。

表4.10　$N_{63.5}$与中砂、粗砂、砾砂、圆砾、卵石承载力标准值及变形模量关系

$N_{63.5}$	承载力标准值/kPa/变形模量/MPa	
	中砂、粗砂、砾砂	圆砾、卵石
3	120/7.8	140/9.9
4	150/9.7	170/11.8
6	240/15.2	240/16.2
8	320/20.2	320/21.3
10	400/25.2	400/26.4
12	480/30.2	480/31.4
14		560/36.5
16		630/40.9
18		700/45.3
20		750/48.5
25		875/56.4
30		950/61.2

（2）辽宁省地方标准《建筑地基基础技术规范》（沈阳市区部分）（DB21/T 907—96）：该规范附表给出沈阳市区重型动力触探击数确定碎石土、砂土承载力标准值、重型动力触探击数确定碎石土、砂土的变形模量E_0。

表4.11　重型动力触探击数确定碎石土、砂土承载力标准值　　　单位：kPa

$N_{63.5}$	卵石	圆砾	砾砂	中、粗砂	粉、细砂	
					稍湿	很湿
3	200	195	180	120	90	60
4	275	250	225	160	120	80
5	340	310	270	200	150	100
6	400	360	320	240	180	120
8	495	450	400	320	240	160
10	580	540	480	400	300	200
12	660	620	555	480		
14	725	690	625			
16	785	760	695			
18	840	815	760			
20	885	865	815			
22	930	910	865			

表4.11（续）

$N_{63.5}$	卵石	圆砾	砾砂	中、粗砂	粉、细砂	
					稍湿	很湿
24	970	950	910			
26	1010	985	945			
28	1045	1015	970			
30	1080	1045	995			

注：① 对中、粗砂，不均匀系数不大于6；粉、细砂，中、粗砂是冲洪积形成。

② 表中$N_{63.5}$是修正后的值。

③ 深度范围不大于15 m。

表4.12　重型动力触探击数确定碎石土、砂土的变形模量E_0　　　　单位：kPa

$N_{63.5}$	卵石	圆砾	砾砂	粗、中砂	粉、细砂	粉土
1						3.0
2					4.8	4.5
3	12.8	11.9	10.2	8.0	7.4	6.2
4	16.6	14.4	12.3	9.5	10.2	8.2
5	20.5	16.5	14.8	12.0	12.2	10.4
6	23.8	18.5	16.8	15.0	14.1	12.6
8	28.8	24.1	21.2	19.0	18.0	
10	33.2	28.5	25.8	23.0	21.9	
12	37.6	32.2	29.1	27.0		
14	41.1	37.7	32.7			
16	44.5	41.5	36.6			
18	47.8	45.1	39.9			
20	50.8	47.6	43.4			
22	53.6	50.3	46.8			
24	56.3	54.2	49.9			
26	58.9	56.0	53.0			
28	62.4	59.4	56.4			
30	64.4	60.4	58.9			

注：① 本表适用于冲、洪积成因的碎石土、砂土。碎石土d60不大于30 mm，不均匀系不大于120；对中、粗砂不均匀系数不大于6；砾砂，不均匀系数不大于20。

② 碎石、角砾的变形模量，可按击数相同的卵石、圆砾的变形模量适当下调。

根据修正后标准贯入、动力触探击数的标准值及静力触探锥尖阻力标准值确定地基承载力特征值时，应符合表4.13的规定。

表4.13　重型动力触探击数确定碎石土、砂土承载力特征值　　　　单位：kPa

$N_{63.5}$	碎石土	中、粗、砾砂	粉、细砂
3	190	120	100
4	250	160	140
5	300	200	170
6	350	240	200
8	450	320	250
10	550	400	300
12	600	480	
16	700	640	
20	850	800	
25	900		—
30	1000		—

注：① 本表适用于冲、洪积成因的碎石土、砂土。碎石土，d60不大于30 mm，不均匀系数不大于12；中、粗砂，不均匀系数不大于6；砾砂不均匀系数不大于20。

② 沈阳地区砾砂承载力特征值可参照碎石土取值。

根据修正后动力触探击数的平均值确定碎石土、砂土变形模量时，应符合表4.14的规定。

表4.14　重型动力触探击数确定碎石土、砂土的变形模量　　　　单位：kPa

$N_{63.5}$	卵石	圆砾	砾砂	粗、中砂	粉、细砂
2	12.8				4.8
3	16.6	11.9	10.2	8.0	7.4
4	20.5	14.4	12.3	9.5	10.2
5	23.8	16.5	14.8	12.0	12.2
6	28.8	18.5	16.8	15.0	14.1
8	33.2	24.1	21.2	19.0	18.0
10	37.6	28.5	25.8	23.0	21.9
12	41.1	32.2	29.1	27.0	
16	47.8	41.5	36.6		
20	53.6	47.6	43.3		
24	58.9	54.2	49.9		
28	62.4	59.4	56.4		
30	64.4	60.4	58.9		

注：① 本表适用于冲、洪积成因的碎石土、砂土。碎石土d60不大于30 mm，不均匀系数不大于120；中、粗砂不均匀系数不大于6；砾砂，不均匀系数不大于20。

② 碎石、角砾的变形模量，可按击数相同的卵石、圆砾的变形模量适当下调。

（3）辽宁省地方标准《建筑地基基础技术规范》（沈阳市区部分）（DB 21/T907—2015）：根据修正后标准贯入、动力触探击数的标准值及静力触探锥尖阻力标准值确定地基承载力特征值时，应符合表4.15的规定。

表4.15　重型动力触探击数确定碎石土、砂土承载力特征值　　单位：kPa

$N_{63.5}$	碎石土	中、粗砂	粉、细砂
3	190	120	100
4	250	160	140
5	300	200	175
6	350	240	205
8	450	320	250
10	550	400	290
12	600	480	320
16	700	640	365
20	850	800	400
25	900	850	—
30	1000	900	—

注：① 本表适用于冲、洪积成因的碎石土、砂土。碎石土d60不大于30 mm，不均匀系数不大于120；中、粗砂不均匀系数不大于6；砾砂不均匀系数不大于20。

② 沈阳地区砾砂承载力特征值可参照碎石土取值。

根据修正后动力触探击数的平均值确定碎石土、砂土变形模量时，应符合表4.16的规定。

表4.16　重型动力触探击数确定碎石土、砂土的变形模量 E_0　　单位：kPa

$N_{63.5}$	碎石土	砾、粗、中砂	粉、细砂
2	14.3	8.5	5.4
4	19.7	13.7	9.6
6	25.2	19.0	13.8
8	30.7	24.3	18.0
10	36.2	29.6	22.1
12	41.6	34.8	26.3
14	47.1	40.1	30.5
16	52.6	45.4	34.6
18	58.1	50.7	38.8
20	63.5	56.0	43.0
22	69.0	61.2	—
24	74.5	66.5	—

表 4.16（续）

$N_{63.5}$	碎石土	砾、粗、中砂	粉、细砂
26	80.0	71.8	—
28	85.4	77.1	—
30	91.0	82.3	—

注：① 本表适用于冲、洪积成因的碎石土、砂土。碎石土 d_{60} 不大于 30 mm，不均匀系数不大于 120；中、粗砂，不均匀系数不大于 6；砾砂不均匀系数不大于 20。

② 碎石、角砾的变形模量，可按击数相同的卵石、圆砾的变形模量适当下调。

地方规范推荐采用的各层承载力主要是以原位载荷试验数据为依据，经载荷试验和重型动力触探结果进行对照统计的成果。由于深部地层原位载荷试验数据较少，地方规范推荐采用的天然地基承载力值偏低，代表性差。勘察阶段，主要以实测重型动力触探结果来确定各层砂土、碎石土的承载力特征值。

以动探击数为 16 击和 24 击为例，各版规范承载力及变形模量的变化见表 4.17。

表 4.17　各版规范承载力及变形模型对比

$N_{63.5}$	SYJB 1—91		DB21/T 907—96		DB21/T—907—2005		DB21/T 907—2015		
	f_{ak}/kPa	E_0/MPa	f_{ak}/kPa	E_0/MPa	f_{ak}/kPa	E_0/MPa	f_{ak}/kPa	E_0/MPa	
16			695	36.6	640	41.5	640	45.4	砾砂
16	630	40.9	760	41.5	700	47.8	700	52.6	圆砾
24			900	49.9	840	54.2	840	66.5	砾砂
24	860	55.0	950	54.2	890	58. 9	890	74.5	圆砾

从表中可以看出，对于中密（修正后 16 击）及密实（修正后 24 击）的砾砂及圆砾，承载力 DB21/T 90796 版调高，DB21/T 907—2005 版又回调，之后一直没变，变形模量各版一直在提高。

4.1.6　砾砂、圆砾静载荷试验

随着沈阳地区超高层建筑不断涌现，建筑高度不断提升，天然地基作为基础持力层的需求不断提升。迫于工程实践需求以及长期发展的需求，近年来，在沈阳城区，对 15 m 深度以下中密～密实的砾砂、圆砾层进行了各种规格浅层载荷试验，包括大板和小板、方板和圆板、单循环和双循环加载、有无软弱夹层等对比试验。

以下试验资料来自中国建筑东北设计研究院岩土公司和辽宁省建筑设计研究院岩土公司。考虑中密～密实的砾砂、圆砾层力学性质相近，砾砂按碎石土进行统计。承载力要求在 900 kPa 以下的未纳入统计。

（1）某典型工程的平板载荷试验结果：沈阳市区内某工程场地进行平板载荷试验，压板采用方形大板、方形小板和圆形板等形式，试验地层为⑥砾砂层。载荷板试验 $P-S$ 曲线如图 4.9 所示，平板载荷试验综合成果表见表 4.18。

从试验结果可以看出，4种载荷板试验，砾砂层的承载力均达到了1000 kPa。加载过程中，试验地基土均未发生破坏，$P-S$曲线呈缓变或直线状态。试验载荷板面积越小，其$P-S$曲线越平缓。0.01d得出的承载力特征值均小于按最大加载一半时得到的承载力特征值。0.01d确定承载力特征值时，板尺寸越大，承载力特征值越高，大板涉及修正系数改变有待进一步研究。

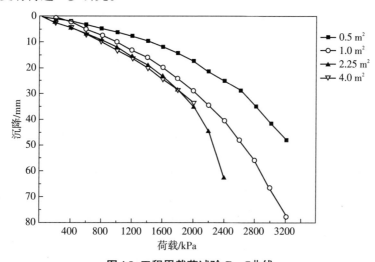

图4.9 工程甲载荷试验 $P-S$ 曲线

表4.18 工程甲平板载荷试验综合成果表

参数		SYD1	SYD2	SYD3	SYD4	平均值
压板形状		正方形	正方形	正方形	圆形	
压板面积A/m²		4.00	2.25	1.00	0.50	
压板宽度b/m		2.0	1.5	1.0	0.8	
最大沉降/mm		33.81	62.50	77.81	48.05	
卸荷沉降/mm		23.43			37.02	
回弹量 mm		10.38			11.03	
极限加载/kPa		2000	2400	3200	3200	
1/2极限加载	承载力特征值f_{ak}/kPa	1000	1200	1600	1600	
	对应变形/mm	13.27	15.51	19.71	11.67	
控制相对沉降量	承载力特征值f_{ak}/kPa	1391	1170	990	1242	1198
	1%d/mm	20.00	15.00	10.00	8.00	
变形模量E_0/MPa		121.5	94.3	79.8	88.7	96.0
基床系数K_{v1}/(kN·m⁻³)		75343.8	78000.0	99011.4	155279.9	101908
基准基床系数K_v/(kN·m⁻³)		227882.8	216666.7	234346.5	328526.1	251855

注：① 试验地层为中密砾砂层；

② SYD1加载至2000 kPa时钢筋断裂，停止加载。

（2）平板静载荷试验结果统计规律：对已有的33个项目现场平板载荷试验结果进行分析、归纳和总结，得出了沈阳地区平板载荷试验规律。平板载荷试验承载力见表4.19。

表4.19　平板载荷试验承载力汇总表

压板尺寸 d 或 b/m	样本数量	承载力区间/kPa	平均值/kPa
0.8	17	1020～2460	1493
1.0	1	990	990
1.13	1	1640	1640
1.15	2	820～2140	1980
1.5	6	1260～2560	1692
2.0	6	1450～2400	1805
合计	33	—	1604

试验结果承载力特征值个别小于1000 kPa及在1000～1200 kPa的，分析有三方面原因：板底下有粉质黏土夹层或中粗砂夹层；试验反力不足，按设计要求已满足，不继续加载；加载设备出现故障。

剔除以上原因，圆形板测试得到的砾砂、圆砾层承载力特征值均大于1200 kPa，如按变形控制取值，砾砂、圆砾层承载力特征值最高可达2560 kPa。

受反力限制，试验最大加载时地基土均未发生破坏，$P-S$ 曲线呈缓变或近直线形态。

在同等观测条件下，加荷速率慢沉降值小于加荷速度快的沉降值，加荷速率慢得到的承载力特征值偏大。

对中密砾砂、圆砾的变形模量实测值进行统计，平均值为99.5 MPa，比 DB21/T 907—2015规范中密砾砂、圆砾的变形模量平均值49 MPa增长近100%，对密实砾砂、圆砾的变形模量实测值进行统计，平均值为138.3 MPa，比 DB21/T 907—2015规范密实砾砂、圆砾的变形模量平均值70 MPa同样增长近100%。变形模量的取值是对应在1%d 时的沉降量计算的。

同样取在1%d 时的沉降量对应的实测进行统计，中密砾砂、圆砾的承载力特征值平均值为1306 kPa，比 DB21/T 907—2015规范中密砾砂、圆砾的承载力特征值平均值770 kPa增长近70%，对密实砾砂、圆砾的实测承载力特征值进行统计，平均值为1655 kPa，比 DB21/T 907—2015规范密实砾砂、圆砾的平均值865 kPa同样增长近91.3%。

与规范相比，载荷板试验得出的变形模量与承载力提高幅度不同步，主要是各版规范变形模量一直在提高，承载力基本没有提高。

（3）持力层承载力修正：根据主楼与周边相连地下室及裙房的关系大致可分为三种情况：主楼周边无相连地下室，主楼周边与纯地下室相连，主楼周边与纯地下室及多层裙房相连。超高层建筑由于功能需要，周边无相连地下室的情况极少。由于主楼埋深较大，周边相连地下室及裙房荷载小于挖除土重，形成补偿基础，周边相连地下室及裙房对主楼只能贡献有限的压重。工程中常采用等效土层厚度折算埋深法进行承载力修正，但当地下水位较高时，抗浮工况下等效土层厚度计算方法值得探讨。

假定主楼地基持力层承载力特征值为1000 kPa，主楼标准组合下基底平均压力为1200 kPa，水浮力为100 kPa，地下室及裙房恒载为120 kPa，折算土重为6.67 m，压重大于浮力，不需要设置抗拔桩。

按 $f_a = f_{ak} + \eta b \gamma (b \sim 3) + \eta d \gamma_m (d \sim 0.5)$ 进行深宽修正，γ 为有效重度，取 8 kN/m³，γ_m 为基础底面以上土的加权重度，地下室及裙房恒载折算土重时重度按18 kN/m³计算，地下室及裙房不能进水，不能取有效重度。

主裙楼均考虑浮力，主楼基底平均有效压力为1100 kPa，地下室及裙房恒载对地基有效压力为20 kPa，折算土重为1.11 m作为基础埋深，计算得出修正后承载力特征值为1120.4 kPa，大于1100 kPa，富余20.4 kPa。

除此以外，主裙楼底板厚度至少存在2 m以上的差异，尚可进行深度修正，就本例而言，至少增加修正值52.8 kPa。

以上为不利工况下计算的承载力修正值。当地下水位很低，没有浮力时，有浮力但设置足够长足够多抗浮桩时，地下室及裙房压重很大时，以上情况修正值会有大幅度提高。根据已有工程经验，结合原位测试及计算，沈阳城区砾砂及圆砾层满足70层住宅及300~400 m高度公建筏形基础的地基承载力需要是完全可能的。

（4）基床系数：基床系数指的是单位面积地表面上引起单位下沉所需施加的力。基床反力系数影响因素包括土的类型、基础埋深、基础底面积的形状、基础的刚度及荷载作用的时间等。

通过平板载荷试验可测得基床系数，经过尺寸修正可得到基准基床系数，基准基床系数未考虑基础尺寸，实际应用时，考虑基础尺寸，对于砂土地基，换算公式为：

$$K_s = (2b + 0.3/2b)2k_v$$

实际基础下的基床系数 K_s 与 k_v 之比一般在0.254左右。通过平板载荷试验测得 k_v 在 $25 \times 10^4 \sim 50 \times 10^4$ kN/m³，平均 37.5×10^4 kN/m³左右，设计输入的 K_s 值应在 $6 \times 10^4 \sim 2 \times 10^4$ kN/m³左右。

总结：软件推荐的中密~密实砾砂基床系数 $(1.5 \sim 4.0) \times 10^4$ kN/m³、中密~密实圆砾基床系数 $(2.0 \sim 10.0) \times 10^4$ kN/m³，平板载荷试验测的数值在此区间的上限，沈阳城区载荷板实测基床系数大于现有软件推荐值，如何使用见下文。

由于沉降计算准确性较差，程序拟合得到的 K 值自然不靠谱。总体上由于计算沉降量偏大，拟合得到的基床系数偏小，造成板内力增大。

软件推荐的 K 值由于划分较粗略，同一类地层在不同地区表现差异明显，可靠性差一些。载荷试验取得的 K 值，由于压板尺寸相对较小，易受夹层的影响，数据变异较大。另外压板多为圆形，与实际建筑基础形状存在差异，要经尺寸、形状的两次修正，与之相比，根据建筑沉降及基底压力反算得到的 K 值更加真实可靠，没有进行各种修正，用于计算板内力，配筋更加合理。

① 根据前述，高层建筑筏板基础每层沉降在 0.6 ~ 0.8 mm，取 0.7 mm，荷载每层取 20 kPa，计算实际的基床系数为 28571 kN/m³。

② 根据盛京金融广场矩形筏形基础实际沉降与荷载关系曲线，线性变化，四角及中心沉降差较小，根据实际施加的竖向荷载，计算得到的实际的基床系数约在 17000 ~ 21000 kN/m³。

按以上两种方法计算实际的基床系数不需要再进行任何修正了。

沈阳城区目前采用的基床系数经验值在 25000 kN/m³ 左右，如采用文克尔地基模型进行计算，就必须对载荷板实测基床系数值进行修正，按 0.2 ~ 0.35 的系数进行折减后用于计算。

（5）沈阳超高层建筑物沉降量情况。

① 100 m 以内高层建筑沉降变形规律：根据多年沉降观测数据统计，沈阳城区高层建筑采用筏形基础、基底持力层为中密以上砾砂及圆砾时，建筑物最终沉降量为每层 0.6 ~ 0.8 mm。地方规范根据实测结果对分层总和法的沉降计算经验系数进行了调整。

② 100 m 以上高层建筑沉降变形规律：根据以上沉降统计，沈阳超高层建筑采用筏形基础沉降约 0.57 mm，考虑到绝大部分正在施工及封顶未交付使用，荷载约完成 70%，最终沉降量估算约每层 0.81 mm。

根据统计，相邻裙房柱沉降 4 ~ 17 mm。

4.2 桩基础

4.2.1 各类型桩的适用条件

桩基础为一种常用的基础形式，是深基础的一种。因为桩基础具有承载力高沉降速率低、沉降量小而均匀等特点，可以承受垂直荷载、水平荷载、上拔力以及由机器产生的振动或者动力作用，因此，当天然地基上的浅基础承载力不能满足要求而沉降量过大或者地基稳定性不足时，通常采用桩基础。从以往的经验看来，以下情况一般采用桩基础。

① 高耸建筑物或者构筑物对倾斜有严格限制时。

② 当建筑物的地面荷载过大，过量的地基沉降将会造成对建筑物的危害时。

③ 对沉降、沉降速率、允许振幅有严格要求的精密设备的基础与动力机械基础。

④ 当建筑物荷载较大，浅地基软弱且不均匀，如采用天然地基沉降量过大，需要将荷载传递到深层好土层时。

⑤ 建筑物较为重要，不允许有过大沉降时。

⑥ 对有大吨位重级工作制吊车的单层工业厂房，因荷载大、基础密集、有地面荷

载等原因，可能产生较大的变形时。

（1）钢筋混凝土桩：钢筋混凝土桩是目前使用最广泛的桩基础形式，其主要适用条件见表4.20。

表4.20 钢筋混凝土桩的主要适用条件

序号	桩类型	主要适用条件
1	预制桩	常用预制桩型有应力混凝土管桩、预应力（非预应力、部分预应力）混凝土实心（空心）方桩、超高强预应力混凝土管桩、预制钢管混凝土管桩（简称预制桩）、预制竹节桩等。适用的地质条件：填土、软黏土、硬黏土、砂土、砂砾等，在持力层为风化岩时，采用锤击沉桩方法，必须严格控制停锤贯入度，在贯入度突然变小时，应立即停锤。 桩型类别：摩擦桩、端承摩擦桩，承压柱、有限抗拔桩。 施工工艺：静压法、锤击法、中掘法、水冲静压法、水冲锤击法等。 特点：工厂化生产、成本较低，制造质量易保证，施工较方便，施工定位简便，抗拔能较差，自重较重。沉桩时将对周围地基产生挤土效应。适用于离已有周围管线、已建建（构）筑物较远的基础工程；或者需要采取相应的防挤土措施
2	灌注桩	常见成孔方式有钻孔、挖孔、冲孔和沉管式等。 适用的地质条件：填土、软黏土、硬黏土、砂土、密实砂土、砂砾、强风化岩、中微风化岩等地层。 桩型类别：摩擦桩、摩擦端承桩、端承摩擦桩、端承桩、嵌岩桩、承压桩、抗拔桩等。 特点：钻孔桩无挤土，无振动，低噪声，无废气排放，对施工现场环境影响较小；可做成超大直径、超长桩，单桩承载力高；辅以扩底、桩尖、桩身注浆工艺，可有效控制沉降，提高桩承载力；大直径桩可用以一柱一桩，简化上部结构；可以做成嵌岩桩。 人工挖孔桩适用于各种空间和环境受限的施工条件。不适用于地下水位高、渗透系数大的地质条件。 冲孔桩可以解决特殊地质条件下的成孔问题，具有一定的挤土效应，但施工速度较慢，效率较低，充盈系数较大。 沉管桩特点为制作条件要求低，施工方便，具有挤土效应，但桩易开裂，适用桩径较小、桩长较短、设计承载力较小的基桩

（2）钢桩、木桩：钢桩、木桩基础形式已很少适用，只能在特殊要求的条件下使用，其主要适用条件见表4.21。

表4.21 钢桩、木桩的主要适用条件

序号	桩类型	主要适用条件
1	钢管桩	地质条件：填土、软黏土、硬黏土、砂土、密实砂土、砂砾、强风化岩。 桩型类别：摩擦桩、端承摩擦桩、端承桩、摩擦端承桩、承压桩、抗拔桩，适宜用于超长、超高承载力基桩。 施工工艺：锤击法、静压法、中掘法、水冲静压法、水冲锤击法、振动法等。 特点：强度高，制作、施工方便，工厂生产，重量轻，造价高，抗腐蚀性能一般
2	钢管混凝土桩	地质条件：填土、软黏土、硬黏土、砂土、密实砂土、砂砾、强风化岩。 桩型类别：摩擦桩、端承摩擦桩、端承桩、摩擦端承桩、承压桩、抗拔桩。 施工工艺：锤击灌注法、静压灌注法、锤击法、静压法、中掘法、水冲静压法、水冲锤击法。 特点：制作、成桩方便，造价较高

表4.21（续）

序号	桩类型	主要适用条件
3	木桩	地质条件：填土、软黏土、硬黏土、砂土、密实砂土、砂砾、强风化岩。 施工工艺：夯击法、锤击法、振动法等。 特点：制作方便，材料环保，桩型较小，不宜承受较大荷载，视环境条件、耐久性差异大，目前很少适用

4.2.2 辽宁省桩型的选择及应用

（1）应用概况：作为支承桩基的地基土，其性质的差异与选择桩基密切关联。辽宁境内中部为辽河平原，浅部地层以黏性土及砂土为主，东西为丘陵低山，浅部地层以砂土为主，岩石埋藏较浅，辽东半岛浅部地层较为多样，有岩石露头，也有海相软土地层。

结合辽宁区域地质水文条件，桩型选择包括机械设备、造价、单桩承载力大小、周围环境和工期等因素，辽宁境内桩基的选用及发展经历了打入式预制方桩、泥浆护壁正反循环钻孔、冲孔灌注桩、沉管灌注桩、人工挖孔灌注桩、钻孔压浆桩、载体桩、静压（锤击）预应力管桩、旋挖桩等主力桩型的发展历程。

（2）钻孔压浆桩基础的应用：钻孔压浆桩主要适用于山前冲积平原区，使用长臂螺旋钻机钻孔，在钻杆纵向设有一个从上到下的高压灌注水泥浆系统（压力为10~30 MPa），钻孔深度达到设计深度后开动压浆泵，使水泥浆从钻头底部喷出，借助水泥浆的压力，将钻杆慢慢提起，直至出地面后再移开钻杆，在孔内放置钢筋笼，然后另外放入一根直通孔底的压力注浆塑料管或钢管，与高压浆管接通，同时向桩孔内投放粒径为2~4 cm的碎石或卵石直至桩顶，再向孔内胶管进行二次补浆，把带浆的泥浆挤压干净，至浆液溢出孔口不再下降，桩即告全部完成。

钻孔压浆灌筑桩桩径可达300~1000 mm，深30 m左右，一般常用桩径为400~600 mm，常用桩长10~20 m。钻孔压浆灌筑桩混凝土注桩不用泥浆护壁可避免水下浇筑混凝土，它采用高压灌浆工艺，对桩孔周围地层有明显的为无砂混凝土、强度等级为C20。钻孔压浆灌筑桩桩体致密、局部能膨胀扩径、单桩承载能力高、沉降量小，与普通灌筑桩比其抗压、抗拔、抗水平荷载能力可提高1倍以上。钻孔压浆灌扩散渗透、挤密、加固和局部膨胀扩径等作用，不需清理孔底虚土可有效地防止断桩、缩颈、桩间虚土等情况的发生（因而质量可靠）。由于钻孔后的土体和钻杆是被孔底的高压水泥浆置换顶出的，故钻孔压浆灌筑桩能在流砂、淤泥、砂卵石、塌孔和地下水的复杂地质条件下顺利成桩。

钻孔压浆桩因其桩体为无砂混凝土，耐久性存在问题，在20世纪90年代，因短暂应用不足10年后退出市场。

（3）人工挖孔灌注桩的应用：人工挖孔灌注桩是以人工下孔直接开挖，利用电动或手摇葫芦出土，深度达到设计要求的岩层或桩长，再进行扩孔，放入钢筋笼，最后浇筑混凝土成桩。此种桩型属于一种施工简便、成孔方便、桩身质量有保证的桩基础施工方法，但施工工艺较为落后，危险性较大，安全控制难度较大，国家已对人工挖孔灌注桩限制使用，所以应在有可靠的安全保障措施的情况下，才能使用。

（4）长螺旋钻孔压灌桩的应用：长螺旋钻孔压灌桩是采用长螺旋钻机钻孔至设计标高，利用混凝土泵将超流态混凝土从钻头底压出，边压灌混凝土边提升钻头直至成桩，混凝土灌注至设计标高后，再借助钢筋笼自重或利用专门振动装置将钢筋笼一次插入混凝土桩体至设计标高，形成钢筋混凝土灌注桩。长螺旋钻孔压灌桩施工，混凝土从钻杆中心压入孔中，成桩和成孔可在一台机器内一次性完成；运用的机械比较少，有时钻机可直接插放钢筋笼；地质、环境和水位的影响较小，在多种土质和复杂地质的情况下均可成桩；不需要泥浆护壁，无泥皮，无沉渣，无泥浆或水泥浆污染，施工速度快，效率高，噪声小，造价较低，成桩质量稳定。

长螺旋钻孔压灌桩主要适用于黏性土、粉土、砂性土、碎石类土、全风化岩石地层。当地基土为淤泥、淤泥质土、高灵敏度土、粒径大且厚的卵石层时，不宜采用长螺旋钻孔压灌桩。淤泥、淤泥质土等软土地层，采用长螺旋钻孔压灌桩时，桩身混凝土充盈系数常常高达1.5以上，并造成地面沉陷；当地基土为饱和高灵敏度土时，采用长螺旋钻孔压灌桩，施工中常出现穿孔现象，且容易引起地面沉降，甚至造成较远处建筑物沉降开裂；地基土为粒径大且厚的卵石层，采用长螺旋钻孔压灌桩施工很难成孔成桩。

目前，长螺旋钻孔压灌桩桩径一般为400～1000 mm，桩长不大于36 m，施工桩长目前主要受钻机塔架高度的限制，其设备施工能力制约其桩长一般不超过36 m。钻机可更换不同直径的钻杆施工不同直径的长螺旋钻孔压灌桩。

长螺旋钻孔压灌桩的缺点是对混凝土配合比有特殊要求，长桩钢筋笼难以下到位，钢筋笼的混凝土保护层厚度不均匀。由于其属于干作业，单桩承载力高，在辽宁各地广泛应用，目前仍是主力桩型。

（5）钻孔灌注桩的应用：机械钻孔灌注桩是指在工程现场通过机械钻孔在地基土中形成桩孔，并在其内放置钢筋笼、灌注混凝土而做成的桩。机械钻孔灌注桩的施工，因其所选护壁形式的不同，有泥浆护壁成孔和全套管护壁成孔两种。

机械钻孔灌注桩技术适用性很强，几乎针对任何地质环境都能适用，利用机械化作业，施工操作简单。因机械钻孔灌注桩设备可施工大直径、长桩长、大承载力的桩基础，在高层、超高层、铁路、桥梁基础、深基坑工程中具有广泛的应用。目前施工机械钻孔灌注桩的设备有很多，主要有：冲击钻、冲抓钻、正反循环回转钻机、旋挖钻、潜水钻、钻斗钻等。

机械钻孔灌注桩成桩较易，桩长可任意调整，对桩基持力层起伏的情况有很强的适应性。当桩的直径相同，而持力层选择不同时，桩的长度根据持力层的不同而变化。桩的持力层选择相同，桩径也可根据持力层的选择作调整。机械钻孔灌注桩成桩直径一般为600～3000 mm，桩长可达150 m。

（6）预应力混凝土预制桩的应用：自2003年开始预应力混凝土静压管桩在辽宁应用以来，采用现代工艺工厂化制造的预应力混凝土实心或空心的方形、圆形或其他形状的桩，包括预应力混凝土管桩、预应力（非预应力、部分预应力）混凝土实心（空心）方桩、超高强预应力混凝土管桩、预制钢管混凝土管桩（简称预制桩）、预制竹节桩等在辽宁各地应用发展迅速（见图4.10）。

（a）预应力混凝土实心方桩

（b）预应力混凝土空心方桩

（c）预应力混凝土空心管桩

（d）钢管混凝土管桩

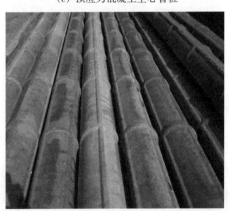
（e）预制竹节桩

图4.10 各种钢筋混凝土预制桩桩形

钢筋混凝土预制桩主要适用于填土、软土、黏性土、粉土、松散砂性土、没有坚硬夹层、持力层顶面起伏变化不大、水下桩基、大面积打桩工程中。但其在饱和黏性土中产生的挤土效应是负面的，对于挤土预制混凝土桩和钢桩会导致桩体上浮，降低承载力，增大沉降；挤土效应还会造成周边房屋、市政设施受损；在松散土和非饱和填土中则是有益的，会起到加密、提高承载力的作用。在孤石和障碍物多的土层、有坚硬土层、石灰岩地层、从松软突变到特别坚硬的土层不宜采用。

钢筋混凝土实心方桩所用混凝土的强度等级一般不低于C30。采用静压法沉桩时，可适当降低，但不低于C20，预应力混凝土桩的混凝土的强度等级不低于C40。

混凝土管桩一般在预制厂用离心法生产，桩径有$\Phi300$，$\Phi400$，$\Phi500$，$\Phi600$，$\Phi800$ mm等，每节长度6~15 m不等，接桩时，接头数量一般不宜超过4个。

4.2.3 辽宁省桩基础的发展方向

桩基础的发展建立在建（构）筑物需要的基础上，社会上随着新型建（构）筑物的出现，对桩基础承载力高、耐久性好、施工方便、造价低廉、无噪声、无污染，甚至可以重复利用、节约资源的理想化需求越来越高，未来的桩基础发展将向以下几个方向发展。

（1）桩的尺寸向长、大方向发展：基于高层、超高层建筑物及大型桥主塔桩基础等承载的需要，桩径越来越大，桩长越来越长。直径大于2 m、桩长超长钻孔灌注桩已有应用并逐渐增多。

（2）桩的尺寸向短、小方向发展：基于老城区改造、老基础托换加固、建筑纠偏加固、建筑物增层以及补桩等需要，小桩及锚杆静压桩技术日趋成熟，应用广泛。

小桩又称微型桩或IM桩或树根桩，小桩实质上是小直径压力注浆桩；桩径为70~250 mm，桩长多用8~12 m，长径比通常为50左右，小桩主要用于旧房改造、房屋增层、古建筑加固纠偏、防洪堤加固、建（构）筑物抗震加固、基坑开挖的护坡桩及水池底板抗浮等基础工程。

（3）向攻克桩成孔难方向发展：随着高层建筑、大跨度桥梁的发展，嵌岩桩，特别是大直径嵌岩桩作为一种比较特殊的桩基类型，20世纪90年代在我国得到了广泛应用。嵌岩桩具有承载力高、变形小、整体刚度大的特点，其沉降稳定时间短、沉降量小，抗震性能好，因此越来越受到工程界的重视。

我国大直径嵌岩钻进工法主要有：① 回转式工法：牙轮/滚刀钻进法；钢粒环状钻进法；镶焊钎头的刮刀钻进法。② 冲击式工法：纯冲击无循环钻进法；冲击反循环钻进法。③ 冲击回转式工法：气动、液动潜孔锤钻进法；可旋转式钢绳冲击钻头钻进法。

（4）向低公害工法桩方向发展：最近20年来，静压桩在我省得到广泛应用，静压桩基础不仅适用于多层和小高层建筑，还可用于20~35层高层建筑，压桩机的生产和使用跨进了一个新时代。静力压桩机是新型的环保型建筑基础施工设备，具有无污染、无噪声、无振动、压桩速度快、成桩质量高等显著特点，采用静压法施工的桩长已达

70 m以上。

全套管钻孔灌注桩利用摇动装置的摇动（或回转装置的回转）使钢套管与土层间的摩擦阻力大大减少，边摇动（或边回转）边压入，同时利用冲抓斗挖掘取土，直至将套管下到桩端持力层为止。挖掘完毕后立即进行挖掘深度的测定，并确认桩端持力层，然后清除虚土。成孔后将钢筋笼放入，接着将导管竖立在钻孔中心，最后灌注混凝土成桩，该工法因噪声、振动小，环保受到青睐。

载体桩是指由载体和混凝土桩身构成的桩。它采用柱锤夯击成孔、反压护筒跟进成孔的方法，达到设计标高后，分批向护筒内投入碎石和混凝土等填充料，用柱锤反复夯实、挤密。当满足设计要求的三击贯入度后，再向护筒填入干硬性混凝土，用柱锤夯实，在桩端形成复合载体。然后放置钢筋笼、灌注混凝土或直接放置预应力管节而成。与同桩长、桩径的普通混凝土桩承载力相比，载体桩承载力提高2倍以上。近年来，与管桩结合的预制空心桩内夯载体桩因其环保节能、性价比高应用越来越广泛。

异型桩方向发展包括横向截面异化桩和纵向截面异化桩，横向截面从圆截面和方形截面异化后的桩型有三角形桩、六角形桩、八角形桩、外方内圆空心桩、外方内异空心桩、十字形桩、X形桩、T形桩及壁板桩等。

纵向截面从棱柱桩和圆柱桩异化后的桩形有楔形桩（圆锥形桩和角锥形桩）、梯形桩、菱形桩、根形桩、扩底桩、多节桩（多节灌注桩和多节预制桩）、桩身扩大桩、波纹柱形桩、波纹锥形桩、带张开叶片的桩、螺旋预制桩、螺纹灌注桩、螺杆灌注桩、从一面削尖的成对预制斜桩及DX挤扩灌注桩等。

（5）向埋入式桩方向发展：为了消除一次公害（振动、噪声和油污飞溅）和挤土效应或少量挤土效应，埋入式桩近年来得到了发展。其中中掘施工法桩是把小于桩径30~40 mm的长螺旋钻或钻杆端部装有搅拌翼片的螺旋钻及钻斗钻等插入桩的中空部，在钻头附近的地层连续钻进，使土沿中空部上升，从桩顶排土的同时将桩沉设。在施工中通常将桩端注入压缩空气和水，促进钻进的同时也使桩沉设顺利。为使桩获得更大的承载力，桩埋入孔中后可分别采用最终打击方式、桩端加固方式或扩大头加固方式。预先钻孔法是边钻孔边排土，然后将桩插入孔内，最后再将桩打入或压入孔内。为增大桩侧摩擦阻力，可在孔内预先填充砂浆、水泥浆、膨润土与水泥浆混合液等，然后将桩插入，以利用填充材料与地层间的摩擦阻力。

（6）向组合式工艺桩方向发展：由于承载力的要求、环境保护的要求及工程地质与水文地质条件的限制等，采用单一工艺的桩型往往满足不了工程要求，实践中经常出现组合式工艺桩。

（7）向高强度桩方向发展：随着对打入式预制桩要求越来越高，诸如高承载力、穿透硬夹层、承受较高的打击应力等要求，预应力高强度混凝土桩的混凝土强度等级C100使用越来越多。

（8）向多种桩身材料方向发展：以灌注桩为例，桩身材料种类亦出现多样化趋势，普通混凝土、超流态混凝土、纤维混凝土、自流平混凝土及微膨胀混凝土等。打入式桩亦有组合材料桩，如钢管外壳加混凝土内壁的合成桩等。

（9）向低碳节能减排方向发展：岩土领域总体上是高耗能行业，材料多为一次性消耗，随着绿色低碳理念推进，桩基础未来发展方向会向材料更环保、材料可重复利用、通过技术创新以更少材料提供更高承载力等方向发展。

4.3　地基处理

4.3.1　我国现有的地基处理方法

（1）换填垫层法：换填垫层法一般应用于浅层地基处理，处理深度通常控制在3 m以内较为经济合理。浅层处理和深层处理很难明确划分界线，一般可认为地基浅层处理的范围大致在地面以下5 m深度以内。浅层人工地基的采用不仅取决于建筑物荷载量值的大小，而且在更大程度上与地基土的物理力学性质有关。地基浅层处理与深层处理相比，一般使用比较简便的工艺技术和施工设备，耗费较少量的材料，如换填法就是量大、面广、简单、快速和经济的处理方法。

换填垫层的厚度应根据置换软弱土的深度以及下卧土层的承载力确定，厚度宜为0.5～3.0 m。

（2）预压排水固结法：预压地基适用于处理淤泥质土、淤泥、冲填土等饱和黏性土地基。预压地基按处理工艺可分为堆载预压、真空预压、真空和堆载联合预压。

真空预压适用于处理以黏性土为主的软弱地基。当存在粉土、砂土等透水、透气层时，加固区周边应采取确保膜下真空压力满足设计要求的密封措施。对塑性指数大于25且含水量大于85%的淤泥，应通过现场试验确定其适用性。加固土层上覆盖有厚度大于5 m以上的回填土或承载力较高的黏性土层时，不宜采用真空预压处理。

（3）压实地基和夯实地基：压实地基适用于处理大面积填土地基。夯实地基可分为强夯和强夯置换处理地基。强夯处理地基适用于碎石土、砂土、低饱和度的粉土与黏性土、湿陷性黄土、素填土和杂填土等地基；强夯置换适用于高饱和度的粉土与软塑—流塑的黏性土地基上对变形要求不严格的工程。

强夯置换法适用于处理高饱和度的粉土与软塑—流塑的黏性土等地基，这种方法是将夯锤提到高处使其自由落下形成夯坑，并不断夯击在夯坑内回填的砂石等粗颗粒材料，使其形成连续的密实的强夯置换墩与周围混有砂石夯间土形成复合地基，经强夯置换法处理的地基，既提高了地其承载力，又改善了供水条件，有利于软黏土的固结。

（4）灌浆加固：灌浆法的实质是用气压、液压或电化学原理，把某些能固化的浆液注入天然的和人为的裂缝或孔隙，以改善各种介质的物理力学性质。

注浆加固适用于建筑地基的局部加固处理，适用于砂土、粉土、黏性土和人工填土等地基加固。加固材料可选用水泥浆液、硅化浆液和碱液等固化剂。

（5）灰土桩挤密桩和土挤密桩复合地基：灰土桩挤密桩和土挤密桩复合地基适用于处理地下水位以上的粉土、黏性土、素填土、杂填土和湿陷性黄土等地基，可处理地基的厚度宜为 3~15 m。

当以消除地基土的湿陷性为主要目的时，可选用土挤密桩；当以提高地基土的承载力或增强其水稳性为主要目的时，宜选用灰土挤密桩。

（6）振冲碎石桩和沉管砂石桩复合地基：振冲碎石桩和沉管砂石桩复合地基适用于挤密处理松散砂土、粉土、粉质黏土、素填土、杂填土等地基，以及用于处理可液化地基。饱和土地基，如对变形控制不严格，可采用砂石桩置换处理。

（7）水泥土搅拌桩复合地基：水泥土搅拌法是加固饱和软土地基的一种成熟方法，它利用水泥、石灰等材料作为固化剂的主剂，通过特制的深层搅拌机械，在地基中就地将软土和固化剂（浆液状或粉体状）强制搅拌，利用固化剂和软土之间所产生的一系列物理—化学反应，使软土硬结成具有整体性、水稳定性和一定强度的优质地基。

水泥土搅拌桩复合地基适用于处理正常固结的淤泥、淤泥质土、素填土、黏性土（软塑、可塑）、粉土（稍密、中密）、粉细砂（松散、中密）、中粗砂（松散、稍密）、饱和黄土等土层。不适用于含大孤石或障碍物较多且不易清除的杂填土、欠固结的淤泥和淤泥质土、硬塑及坚硬的黏性土、密实的砂类土，以及地下水渗流影响成桩质量的土层。当地基土的天然含水量小于30%（黄土含水量小于25%）时不宜采用粉体搅拌法。冬季施工时，应考虑负温对处理地基效果的影响。

（8）旋喷桩复合地基：旋喷桩复合地基处理适用于处理淤泥、淤泥质土、黏性土（流塑、软塑和可塑）、粉土、砂土、黄土、素填土和碎石土等地基。对土中含有较多的大直径块石、大量植物根茎和高含量的有机质，以及地下水流速较大的工程，应根据现场试验结果确定其适应性。

旋喷桩施工，应根据工程需要和土质条件选用单管法、双管法和三管法；旋喷桩加固体形状可分为柱状、壁状、条状或块状。

（9）夯实水泥桩复合地基：夯实水泥桩复合地基适用于处理地下水位以上的粉土、黏性土、素填土和杂填土等地基，处理地基的深度不宜大于15 m。

（10）水泥粉煤灰碎石桩复合地基：水泥粉煤灰碎石桩（CFG）是胶结材料桩，在桩体复合地基设计时，尽量使由桩身材料强度提供的单桩承载力与由桩侧摩阻力和端承力提供的单桩承载力比较接近。

CFG桩桩身具有较高的强度和刚度，可以全桩长发挥桩的侧摩阻力，将荷载传递给较深的土层，所以采用CFG桩复合地基加固地基可以较大幅度地提高地基承载力，减小沉降。当天然地基承载力较低而上部荷载又较大时，采用散体材料桩复合地基和柔性桩复合地基一般难以满足设计要求，而采用CFG桩复合地基就比较容易满足设计要求。

近年来，CFG桩复合地基已广泛应用于一般民用住宅、高层建筑、堆场以及道路工程等地基加固处理中，具有良好的发展前景。

（11）柱锤冲扩桩复合地基：柱锤冲扩桩复合地基多用于中、低层房屋或工业厂房。因此对大型、重要的工程以及场地条件复杂的工程，在正式施工前应进行成桩试验及试验性施工。根据现场试验取得的资料进行设计，制定施工方案。

（12）微型桩加固：微型桩加固工程目前主要应用于场地狭小、大型设备不能施工的情况，对大量的改扩建工程具有其适用性。设计时应按桩与基础的连接方式分别按桩基础或复合地基设计，在工程中应按地基变形的控制条件采用。

（13）多桩型复合地基：采用多桩型复合地基处理，一般情况下场地土具有特殊性，采用一种增强体处理后达不到设计要求的承载力或变形要求，而采用一种增强体处理特殊性土，减少其特殊性的工程危害，再采用另一种增强体处理使之达到设计要求。

4.3.2　辽宁省现有工程地质问题及地基处理对策

（1）辽宁中部平原地区（沈阳、辽阳、鞍山）：沈阳市区以河流冲洪积物为主，淤泥成因土很少（只个别处分布），沈阳市区软弱土地基分布范围非常广泛，主要分布在市区的二环路以外，三环、四环至五环是软弱土的主要分布区域，二环路以内除在老城区有局部软弱土外，其他地区上部软弱土厚度都比较薄，沈阳市区的软弱土多为一般黏性土（可塑粉质黏土，局部软塑），松散～稍密粉砂（或粉土），少许淤泥质土或填土，粉质黏土（可塑）、稍密的粉砂（或粉土），一般可做低层建筑物的天然地基，但若做高层建筑物的天然地基应慎重，一般应进行地基处理。

辽阳地区的相对较软典型地层为杂填土，粉质黏土。区内分布有软弱土，以淤泥质土为主，辽阳市区护城河以西、南郊及辽纺等地揭露较多。

鞍山地区相对软弱土层为人工填土，粉质黏土，含砾粉质黏土。

以沈阳地区为例，在房屋建筑工程中较多应用过的地基处理方式有换填垫层、强夯、水泥土搅拌桩复合地基、旋喷桩复合地基、泥粉煤灰碎石桩复合地基等。这些地基处理方法有的受诸多条件限制，应用范围较小。

应用强夯处理地基的典型工程为BBA项目华晨宝马铁西工厂的地基处理工程，处理后的地基满足了宝马公司的严格要求，为铁西经济开发区节省了大量的工程投资，取得了较好的社会效益和经济效益。

水泥土搅拌桩复合地基在沈阳地区针对淤泥质土和软塑及可塑性的低层建筑物地基处理工程中有所应用。旋喷桩复合地基在沈阳地区应用得比较广泛，已有不少成功的案例。水泥粉煤灰碎石桩（CFG）复合地基在沈阳地区应用最为普遍，一般采用长螺旋钻中心压灌成桩，施工工艺成熟，无噪声，无污染，单桩承载力特征值高。理论上上述地基处理方法都可以用CFG桩复合地基来代替。在沈阳地区已有32层高的建筑物采用CFG桩复合地基的成功案例。

鞍山地区地基处理方法与沈阳类似，采用较多的是CFG复合地基，人工填土通常采用压实或夯实地基。

（2）辽北平原地区（铁岭）：铁岭地区内相对软弱地层为杂填土、黏性土、细砂。常用的地基处理方法可以采用换填垫层法、强夯法、水泥土搅拌桩复合地基、水泥粉煤灰碎石（CFG）桩复合地基、喷桩复合地基等方法。

地基处理工程案例：铁岭博物馆采用高压旋喷桩对建筑物地基基础进行了加固处理。铁煤集团建材公司水泥厂扩建工程采用了高压注浆对罐体下的地基土进行了加固处理。铁岭莲花湖湿地公园项目填土采用强夯及压实进行了处理。铁岭市清河区农用汽车修配厂采用旋喷桩复合地基对建筑物地基基础进行了加固处理。

（3）辽西丘陵地区（阜新、朝阳、葫芦岛、锦州）：阜新的相对较软典型地层为杂填土、细砂；朝阳的相对较软典型地层为杂填土、粉质黏土；葫芦岛相对较软典型地层为杂填土、粉土、粉质黏土；锦州的相对较软典型地层为杂填土，粉质黏土。在辽宁省的西北部，有湿陷性黄土地层分布。

朝阳、阜新地区的建筑物地基为湿陷性黄土，需要处理时，根据建筑物的性质、湿陷性黄土的性质及对地基土物理力学指标的要求可采取不同的处理方法。

①建筑物荷载较小时，可以采用三七灰土垫层换填，换填厚度一般不大于3 m，同时进行垫层下卧层承载力验算和地基变形验算，同时灰土垫层作为隔水层可以避免地表水及地下管线渗水对湿陷性黄土地基产生不良影响。

②建筑物荷载较大时，可采用强夯进行地基处理，同时采取地表排水措施。

③对于高层和超高层建筑，采用桩基础穿越湿陷性黄土地层，桩端设置在承载力较高的稳定岩土层中。

地基处理工程案例：锦州港码头采用多种地基处理方法，包括堆载预压法、强夯置换法、振冲碎石桩法。锦州安居工程采用强夯法进行地基处理，锦州机场飞行区软土采用强夯法进行处理。

（4）辽东山地地区（抚顺、本溪）：抚顺、本溪地区的相对较软典型地层为杂填土、粉质黏土。抚顺、本溪地区内相对软弱土层为杂填土、粉质黏土。

辽东山地地区常用的地基处理方法可以采用换填垫层法、夯实法、水泥土搅拌桩复合地基等方法。

地基处理工程案例：抚顺炼油厂5000 m³储油罐工程采用水泥土搅拌桩复合地基进行地基处理；本溪站站场站台墙与雨棚基础间回填土采用夯实处理技术措施。

（5）滨海地区（营口、盘锦、丹东）：营口地区相对软弱土层为填土，粉质黏土、淤泥质粉质黏土、粉砂、粉质黏土。盘锦地区内相对软弱土层为杂填土、粉质黏土，粉质黏土夹粉土。丹东地区内相对软弱土层为杂填土、粉质黏土。

滨海地区常用的地基处理方法有强夯置换法、堆载预压法、水泥搅拌桩复合地基、水泥粉煤灰碎石（CFG）桩复合地基、振冲碎石桩复合地基、旋喷桩复合地基等方法。

地基处理工程案例:营口机场采用强夯置换法处理软土地基，盘锦港疏港铁路路基正线及站线路基采用水泥搅拌桩进行地基加固处理，局部桥头地段采用CFG桩复合地基，场坪区域采用水泥搅拌桩和塑料排水板加固；盘锦市城市防洪工程采用振冲碎石桩复合地基来解决地基承载力不足和饱和砂土液化问题；盘锦市双台子河闸枢纽工程浅孔闸采用振冲碎石桩复合地基对软弱土地基进行处理。

（6）辽东半岛地区（大连）：大连地区的地层差异性较大，相对软弱地层为杂填土、素填土、粉质黏土、淤泥质粉质黏土、细砂及滨海地区软土地基和填海地基。

辽东半岛地区常用的地基处理方法有强夯和强夯置换法、真空联合堆载预压法、振冲碎石桩复合地基等方法。

地基处理工程案例：大连市西中岛起步区3号排洪渠采用强夯置换和强夯对地基土进行处理；大连市堤防工程采用振冲碎石桩对软土地基进行处理；大连港大窑湾港区三期工程考虑到需处理区域土质情况及工期要求特点（吹填时间短，工期紧，面积大，土质松软且分布不均匀），吹填区的管口区采用振冲置换加强夯法；淤泥区采用真空联合堆载预压法；陆填区采用强夯法进行地基处理。

4.4　基坑支护及降排水

4.4.1　常用基坑支护

（1）放坡：放坡开挖的最大特点是投资较低（适用安全等级为三级）、技术要求不高，但是要求土质较好。有足够放坡的场地，比如，四周都是空地，当然怎么放坡都没有关系，不完全满足放坡要求时需要支护。如果土质好，根据土的类别、静载、动载、机器和人工作业等情况，确定放坡坡度，并保证边坡稳定性。

（2）土钉墙：深基坑工程中的土钉墙支护技术本质上就是原位加筋技术措施，主要形式类似于加筋挡土墙。这种基坑支护形式施工效率高、工期短、设备轻便、用料少、成本低。土钉墙具有良好的适应性，能够更多地适应地下水位或经人工降水后的人工填土、黏性土和弱胶结砂土，是深基坑支护优先采用的方式方法。

（3）连续墙：地下连续墙在泥浆护壁基础上分槽段构筑钢筋混凝土墙体。整体刚度大、止水防渗效果好，能够很好地适应软黏土、砂土等多种地层条件环境。

（4）桩锚：锚杆支护是一种主动式的岩土加固稳定技术，锚杆作为技术主体，一端需要锚入稳定的土、岩体当中，另一端要与各种类型支护结构进行连接，然后施加一定预应力。由于锚杆支护技术具有显著经济效益，目前在我国基坑工程中应用较多，已经积累了较为丰富的工程实践经验。

（5）内支撑：内支撑支护结构主要由内支撑结构部分和挡土结构部分组成，在基坑开挖时所产生的水压力与土压力主要是由挡土结构承担，然后挡土结构将这两部分力传到内支撑。

根据材料不同，主要划分为钢支撑支护结构和钢筋混凝土支撑结构。

4.4.2　降排水方式

（1）管井降水：适用于轻型井点不易解决的含水层颗粒较粗的粗砂、卵石地层，渗透系数较大、水量较大且降水深度较深的潜水或承压水地区。

（2）轻型井点降水：轻型井点适用于渗透系数为0.001～20 m/d的土层，而对土层中含有大量的细砂和粉砂层特别有效，可防止流砂现象，增加土坡稳定性。

（3）明排排水：普通明沟和集水井排水的方法是在开挖基坑周围的一侧、两侧，或基坑中部逐层设置排水明沟，每隔20～30 m设置一口集水井，使地下水汇流于集水井内，再用水泵排除基坑外。

4.4.3　沈阳地区常用支护形式

（1）支护桩：沈阳地区支护桩桩型从20世纪80年代开始经历了人工挖孔桩、长螺旋压浆桩、压灌桩、旋挖桩、钢管桩（钢板桩）的发展历程。

目前，沈阳地区最常用的支护形式还是桩—锚支护形式，该体系其主要特点是采用锚杆给支护排桩提供锚拉力，以减小支护排桩的位移与内力，并将基坑的变形控制在允许范围内。

桩—锚支护体系主要由护坡桩、锚杆、腰梁和桩间围护四部分组成，它们之间相互联系、相互影响、相互作用，形成一个有机整体，基坑开挖深度从几米到三十多米，桩锚支护结构在基坑支护中得到了广泛的应用，获得了显著的经济效益。

沈阳地区常用支护桩可根据基坑深度及周边环境分为两种桩型：一种是混凝土灌注桩，桩径为600～800 mm，桩间距为1000～1400 mm；一种是型钢桩，钢管或钢板桩可根据现场对施工工艺的要求选择，基坑深度小于7 m且没有止水需求的基坑，可采用经济性较好的直径159 mm，壁厚6～8 mm的钢管桩进行支护，个别基坑也可选用直径更大的钢管桩进行支护。

相对于排桩—内支撑体系来说，桩—锚支护结构具有如下特点。

由于由锚杆取代了基坑内支撑，故基坑内的土方开挖与地下结构的施工更为方便。

锚杆是在基坑开挖过程中，逐层开拉、逐层设置，故而上下排锚杆的间距除由围护桩的强度要求控制外，还必须考虑变形控制的要求。

锚杆所需锚固力是由自由段之外的锚固段的锚固体与围岩（土）的摩阻力所提供，因此，当基坑深度较大时，由于锚杆必须有足够的伸出潜在破裂面之外的锚固长度，故而锚杆的长度较大。

（2）锚索：沈阳地区支护锚杆类型从80年代开始经历了地质钻杆、预应力锚索的发展历程。

沈阳地区自2010年开始逐渐采用自成孔锚索，由于砾砂层及圆砾层钻进困难，全套管成孔锚索逐渐得到应用，部分地段受红线控制，可回收锚索也有局部应用。

常用的锚索多由7×15.2的钢绞线组成，2～4束居多，锚拉力一般不超过500 kN。

（3）桩间防护：桩间土保护会对基坑施工产生较大影响。在工程实践中，随着支护结构设计和施工水平的不断提高，桩间土保护对支护结构的变形和安全影响日趋突出，但现行规范对桩间土保护要求较为简单，设计和施工人员对桩间土保护的重要性认识不足，近几年因桩间土保护不当、砂土流失、桩后出现空洞造成的工程问题不断发生。重视桩间土的保护，对不同工程地质条件和不同支护方案下桩间土保护问题进行研究，正确选择和实施桩间土保护措施已成为一个亟待解决的问题。

沈阳地区常用面层喷护厚度为50～150 mm，可根据地层情况采用钢筋网或钢板网。

钢筋网与支护桩采用冲击钻孔植筋或射钉螺栓进行可靠连接，竖向挂筋从冠梁连续向下，保证桩间喷射混凝土不整体脱落。

（4）管井降水：沈阳区域尤其沈阳市内中心区域地层以砂层为主，渗透系数较大，渗透系数一般为80～120 m/d，故采用管井降水，井间距为15～25 m，采用功率较大水泵的降水方式是常规方式。个别基坑平面布置形状较特殊，如地铁及区间基坑，采用小泵小间距进行降水对于解决井间残余水头效果显著。沈阳周边地区（如沈北或浑南区域），砂层较少，以土层为主的地质区域建议主要采用明排降水形式，如必要可用入渗井配合降水。个别项目在砂层中会出现强隔水层，可采用渗井配合明排形式处理。

（5）双排桩：地下构筑物较多的问题（基坑对地铁、管廊等构筑物卸荷回弹问题），根据不同深度及距地铁的净距可选用双排桩方案。距地铁距离较近的基坑支护方案常选用的是双排桩方案，根据基坑深度选择双排桩+锚索或者内支撑的方案，双排桩的嵌固深度须长于常规基坑支护嵌固深度，较长的双排桩可起到隔离桩的作用，对降低地下构筑物的变形有积极作用。如选用桩锚方案进行支护，锚索必须选用可拆卸锚索，以免对地铁施工造成障碍。

4.4.4 大连地区常用支护形式

大连为我省重要的临海城市，故地质及地下水情况有一定的特殊性，咬合桩施工工艺既满足该地区基坑支护的稳定性，也可满足对地下水的有效控制，咬合桩为大连区域较常用同时也是较"独特的"支护形式。

咬合桩是桩与桩之间相互咬合排列的一种基坑围护结构。施工主要采用"全套管旋挖钻机+超缓凝型混凝土"方案。钻孔咬合桩的排列方式采用：第一序桩素混凝土桩（A桩）和第二序钢筋混凝土桩（B桩）间隔（见图4.11）；先施工A桩，后施工B桩，A桩混凝土采用超缓凝型混凝土，要求必须在A桩混凝土初凝之前完成B桩的施工，B桩施工时，利用套管钻机的切割能力切割掉相邻A桩的部分混凝土，则实现了咬合（见图4.12）。

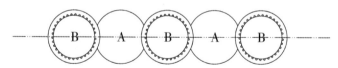

图4.11 咬合桩平面示意图

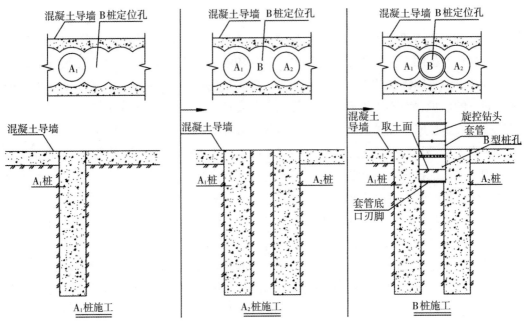

图4.12 咬合桩施工工艺原理图（荤素咬合）

纯素桩止水帷幕咬合必须在两侧A桩混凝土初凝之前完成中间A桩的施工，中间序列A桩施工时，利用套管钻机的切割能力切割掉相邻A桩的部分混凝土，则实现了咬合（见图4.13和图4.14）。

砂桩 A₁ A₂ A₃ A₄ A₅ A₆ A₇ 砂桩

图4.13 纯素咬合桩平面示意图

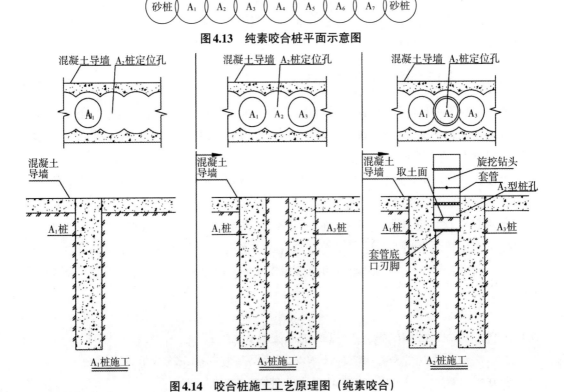

图4.14 咬合桩施工工艺原理图（纯素咬合）

旋挖钻机+钢制全套管钻机相结合，使钢制全套管咬合桩的适用范围越来越大，可在各种杂填土（含有砖渣、石渣及混凝土块等）、黏性土、砂性土和风化岩层中施工。

采用钢制全套筒旋挖钻机进行咬合桩施工的优点如下：

（1）钻孔咬合桩使用钢制全套管钻机施工，机械化程度高，成孔速度快、成桩效率明显高于其他类型的混凝土灌注桩。

（2）用套管在桩身混凝土处于塑性状态下完成切割咬合过程形成的排桩围护结构、止水帷幕，其整体性好，防渗效果佳;成桩过程无泥浆作业，施工现场环境洁净、易保持。

（3）另外，钻孔咬合排桩围护结构防渗效果好，能完全起到止水作用，无须另外辅以截水帷幕等防水措施，与其他达到相同工程要求的围护结构形式（如人工挖孔咬合排桩、地下连续墙及泥浆护壁钻孔密排桩等）相比，综合经济效益优势明显。

采用钢制全套筒旋挖钻机进行咬合桩施工的缺点如下：

（1）旋挖+全套管施工咬合桩所选用的机械设备体积大，且狭窄场地施展不开，更无法做到多台施工机械设备同时作业。

（2）对特殊超缓凝混凝土的质量稳定性要求极高，缓凝时间波动易造成咬合失败或偏孔较大，导致止水帷幕漏水。

（3）钻孔咬合桩适用于除岩层以外的土质地层，但在遇到孤石地层成孔时效率会显著降低，对于大于套管内径1/3的填石不均匀地层要慎用。

4.4.5 营口盘锦地区常用支护形式

（1）内支撑：由于营口及盘锦地区地质条件较特殊，基坑支护形式的选择内支撑支护形式对基坑周边环境影响更小。根据当地经验，桩锚支护体系的变形过大，甚至有桩身及桩顶整体变形超规范的情况发生，周边地表沉降情况更是较为严重。

近年来，钢筋混凝土内支撑体系因为更稳定，安全系数更高，在营口及盘锦地区逐渐得到推广应用。

（2）轻型井点降水：轻型井点降水是营口地区常用的降水形式。轻型井点布置灵活，使用方便，施工速度快，降水效率较高，即使个别井管损坏，也不影响整个系统，能够适应施工条件变化的工程。轻型井点可反复多次使用，施工费用小，经济效果好。

由于轻型井点的抽水机组置于地表，真空在地面产生，所以其降水深度受到真空吸程的限制。

4.4.6 辽宁其他地区常用支护形式

辽宁其他地区总体上基坑深度相对较浅，单层地下室基坑以放坡开挖为主，不具备放坡开挖的区段，采用桩锚支护仍是主要支护形式。

辽宁其他地区以粉质黏土、砂土、岩石地层基坑支护，浅基坑采用型钢桩支护形式，深基坑采用混凝土灌注桩支护形式，部分开挖地层为中风化岩石地段采用喷锚支护。

辽宁抚顺、阜新、锦州、葫芦岛由于基岩面埋藏较浅，部分地区不足基岩面深度不足10 m，基岩面以上砂层采用管井降水时，受管井进水段高度限制，管井间残余水头难以有效消除，对于基坑而言，上部含水层形成"疏不干"地层，通常采用小间距小泵量管井配合大量明排排水方式，管井间距一般在8 m以内。

4.4.7 辽宁土层冻胀特性对于基坑支护的影响

（1）冻胀作用的机理：水分、土质和负温是地基产生冻胀的三要素。

① 土体中的水分为自由水、薄膜水和吸附水。自由水是存在于土粒表面电场影响范围以外的水，其性质和普通水一样，能传递静水压力，冰点为0 ℃。自由水按其移动所受作用力的不同，可以分为重力水和毛细水：重力水是存在于地下水位以下的透水土层中的地下水，它是在重力或压力差作用下运动的自由水，对土粒有浮力作用；毛细水是受到水与空气交界面处表面张力作用的自由水。

薄膜水是土体中的滴状自由水或重力水离去后遗留在土体中的水，在土微粒上围绕吸着水的薄膜形成较厚的薄膜水，其特点有不受地心引力影响、不传导静水压力、温度0 ℃以下时结冰。土体中薄膜水含量随矿物颗粒变小和黏土颗粒含量增大而加大。

存在于土粒矿物的晶体格架内部或参与矿物构造中的水称为矿物内部结合水，也称吸附水，它只是在比较高的温度下才能化为气态水而与土粒分离，从土的工程性质上分析可以把矿物内部结合水当作矿物颗粒的一部分。

黏性土以薄膜水为主，砂土中薄膜水含量在5%～10%，黏性土薄膜水含量一般在22%～50%，而吸附水含水量占总含水量的0.2%～2%。

② 土质状况是影响冻胀的又一重要因素。一般情况下，岩石、碎石土、沙砾，粗砂、中砂、细砂是非冻胀性地基土，这是由于岩石中不含有薄膜水和自由水，形成冻胀的三要素中的水不存在；碎石土、沙砾等则属于大颗粒土因而无法形成聚变冰现象，也无冻害影响。粉砂、粉土、黏性土则按天然含水量的不同，以及地下水位的高低而分为不冻胀、弱冻胀、冻胀和强冻胀不同的类别。

③ 负温作用是产生冻胀的外部条件。负温度是水分冻结、产生冻胀的必不可少的要素。在冻结时，自由水在0 ℃时即结冰，-4～-5 ℃时薄膜水才开始结冰，-20～-30 ℃时薄膜水才能大部分结冰，-76 ℃时薄膜水才能全部结冰，而吸附水-186 ℃时才结冰。

（2）冻胀过程：土层受冻发生体积膨胀就是水变为冰，体积增大的结果。

在黏性土中，由于颗粒间距小，有的颗粒相互接触，颗粒间薄膜水形成公共薄膜水，在冰晶形成的同时，夺走公共及相邻土颗粒的薄膜水，这样未冻的颗粒薄膜水不断向已冻颗粒方向迁移，使黏性土中冰锋面附近冻土含水量增大，冻胀量就进一步加大。试验资料表明，冻层顶部土层含水量高达80%，而底部仅为37%，这就是冻结过程中水分迁移，黏性土中含水量重新分配的结果。黏性土产生冻胀的原因，不仅是由于水分冻结时体积增大1/11，更重要的是在冻结过程中，它还能把周围没有冻结区的水分吸附到冻结区（即迁移集聚），使冻结区水分源源不断地增加，冰晶体不断扩大，形成冰夹层，土体随之逐步膨胀，一直到水源补给断绝才会停止。显然，在冻结过程中，水分自非冻结区向冻结区迁移与黏性土中存在薄膜水及其迁移的特点有关。

在负温度下，土体内的自由水和薄膜水先后冻结，形成一个冻结锋面，当土体中的薄膜水冻结，水膜厚度减薄，它就与下层相邻的较厚水膜之间产生吸附力梯度，受压力差的驱使，水分便从附近较厚的水膜处迁移上来，并使之附在冰晶上继续冻结，这样持续下去既是土中水向冻结前缘的流动，也是水分迁移。在无地下水时（封闭系统）水分迁移是有限的，当地下水位较高，并能源源不断地补给时（开敞系统）冻胀量可达很大数值。在土的冻结过程中，由于水分迁移，在冻结界面聚冰，形成冰夹层与冰透镜体。水在形成冰的相变过程中，在紧密接触的两个颗粒之间，楔入冰层，有效压力转换成了从一个颗粒通过冰夹层再传到另一个颗粒的间接传递的冻胀力，冻胀力产生的过程就是有效压力消失，代以冰的膨胀力的内力重分布的过程，冻结界面上的冰层面积越多，冰胀力就越大，最终导致冻层膨胀，地面隆起。由此可见，冻胀的大小主要与土体内的含水量和地下水位有关系，含水量越大，地下水位越高，越有利于聚冰和水分迁移。另外，土冻结面处的负温梯度也是影响冻胀的主要因素，负温梯度越大，越有利于水分迁移，冻结速度越快迁移水量越多，冻胀也越强烈。

纯砂类土水分不发生迁移，不发生体积膨胀，颗粒在 $0.005 \sim 0.05$ mm 水分迁移最明显，粗粒土的冻胀性是微不足道的；细砂土即使含水量较高，也只表现轻微的冻胀现象。粉砂中黏粒含量很少时，结合水的冻胀危害也是很小的。当粉砂中黏粒含量较多时，有一定的结合水膜，其冻胀性与黏性土相似。黏性土含水量接近塑限才开始冻胀，即超过塑限的那部分含水量才能够构成冻胀性。

（3）冻胀影响因素：冻胀影响因素主要有土质、含水量、温度、冻胀速度和压力等。

土质条件包括土的粒度成分、矿物成分、化学成分和密度等，其中最主要的是土的粒度成分。大的冻胀通常发生在细粒土中，其中粉质黏土和粉土中的水分迁移最为强烈，因而冻胀性最强。黏土由于土粒间孔隙太小，水分迁移有很大阻力，冻胀性较小。沙砾，特别是圆砾和卵石，由于颗粒粗，表面能小，冻结时一般不产生水分迁移，所以不具冻胀性。细砂冻结时，水产生反向（即向未冻土方向）转移，出现排水现象，也不具冻胀性。

冻土的矿物成分对冻胀性也有影响，在常见的黏土矿物中，高岭土的冻胀量最大，水云母次之，蒙脱石最小。冻土中的盐分也影响冻胀，通常在冻土中加入可溶盐可削弱或消除土的冻胀。

并非所有含水的土冻结时都会产生冻胀，还要取决于含水条件。只有当土中的水分超过某一界限值后，土的冻结才会产生冻胀。这个界限即为该土的起始冻胀含水量。当土体含水量小于其起始冻胀含水量时，土中有足够的孔隙容纳未冻水和冰，结冰时没有冻胀。

一般来说，初期含水量大的土比含水量小的土冻胀量也大。

按有无水分的补给，划分为两种冻胀：封闭系统冻胀，在冻结过程中没有外来水分补给，冻胀形成的冰层较薄，冻胀也较小；开敞系统冻胀，在冻结过程中有外来水分补给，冻胀形成的冰层厚，产生强烈的冻胀。在天然情况下，水分补给主要来源于大气降水和地下水，秋末降水补给多，冬季土的冻胀量就大；地下水位越浅，土的冻胀量也越大。

温度条件是产生冻胀的外部因素。土的冻胀开始于某一温度，称为起始冻胀温度，其值略低于该土的起始冻结温度。当温度低于起始冻胀温度时，由于冻土中未冻水继续冻结成冰，土体仍有冻胀。当温度继续降低至某一值时，在封闭系统中未冻水结成冰的数量已可忽略不计，土体不再冻胀，该温度值称为停止冻胀温度。

冻结速度对冻胀也有影响，冷却强度大时，冻结面迅速向未冻部分推移，未冻部分的水来不及向冻结面迁移，就在原地冻结成冰，无明显冻胀；冷却强度小时，冻结面推移慢，未冻水克服沿途阻力后到分凝成冰面结冰，在外部水源补给下，冻结面向未冻部分推移越慢，形成的冰层越厚，冻胀也越大。

一般来说，冻结速度快、冻胀量小；冻结速度慢，冻胀量大。这是因为冻胀量与水分转移补给条件有关。当冻结速度较快时，其下层中的水分还来不及向上转移补给就冻结了，因此冻胀量就小，反之冻胀量就大。地下水位距冻胀面的距离决定冻胀时水分转移的补给条件，距离越近，地下水的补给条件越充分，转化成冰的水分也就越多。因此，地基土的冻胀性也就越强。

压力条件是产生冻胀的另一个外部因素。增加外部荷载能降低土中水的起始冻结温度，增加冻土中的未冻水含量，同时影响引起冻结时水分迁移的抽吸力，减少向冻结面的水分迁移量，从而减小冻胀。

冻胀性根据无约束条件下地表冻胀量的大小分为五个级别，因冻胀产生的冻胀力是在有约束不产生位移条件下测试得出的，约束压力和冻胀力的平衡是冻胀土设计需要考虑的问题，完全中止黏性土的冻胀需要极大的压力，在实践中目前很难做到。

（4）基坑冻胀的预防及解决措施：

① 基坑设计时增加冻胀工况，根据基坑侧壁各冻胀土层的实际深度及冻胀性施加冻胀力，施加冻胀力的数值根据地方经验或有约束情况下冻胀力与允许冻胀变形的关系确定。

② 设计时支护桩顶以上尽可能放坡，放坡高度至少大于当地标准冻深，消除支护桩顶近地面半无限水平冻胀力影响。

③ 设计时尽可能采用锚索，尽可能加大自由段长度，少施加预应力。

④ 有条件时冻胀段设计尽可能采用土钉墙等柔性支护结构。

⑤ 有冻胀时设计应加强腰梁刚度，腰梁间的连接缀板应可靠焊接，保证腰梁整体受力均匀。

⑥ 桩间采用钢筋网片喷射混凝土并与桩连接固定。如果发生桩间喷射混凝土脱

落，土体流失，应及时采用沙袋或混凝土充填，防止冻土突然塌落冲击桩锚。

⑦ 预先对桩后冻深范围内的黏性土进行改良处理，减弱冻胀性。

⑧ 预先采取注入盐水等措施，使桩后土体盐渍化，降低初始冻结温度，减少冻胀量。

⑨ 对有可能发生冻胀的基坑应进行锚索轴力监测，根据轴力变化曲线分析锚索轴力中冻胀力的变化。

⑩ 根据变形监测结果，冻胀量大时可在桩后设减压孔，孔内充填优质泥浆。

⑪ 对于基坑侧壁渗水流水的基坑，在冬季发生冻胀时，由于冻胀面接受敞开补给，冻胀强烈，因此，无论基坑侧壁土质冻胀性如何，查清并切断渗水流水的补给源是首先要考虑的措施。

⑫ 基坑侧面为岩石且岩石中含裂隙水时，应采用超前泄水孔将水引出，避免岩石裂隙水自由渗出时，由于反复冻胀冻融使得岩石裂隙扩大造成局部岩石塌落。

（5）基坑挂冰问题：

① 基坑挂冰成因：地层中的水分为自由水、薄膜水、结合水。薄膜水是产生冻胀的主力军，冻胀主要发生于桩后及桩间，自由水自桩间或坡面某个部位流出，遇负温在渗出点结冰或滴落结冰，受出水量大小、渗出部位、滴落高度、滴落时间等因素影响，各种大小各种形状结冰外挂于腰梁、坡面上。

基坑侧壁为黏性土的基坑挂冰水来源为土层中的滞水或潜水，基坑侧壁为砂土的基坑挂冰水来源为砂土中土夹层上方的滞水，基坑侧壁为风化岩的基坑挂冰水来源为土岩界面残余水和基岩裂隙水，除此以外，坑外管网漏水往往是各种地层基坑挂冰的不竭之源。

② 基坑挂冰分类：按出水通道位置，可分为泄水孔结冰、锚索孔结冰、桩间及喷射混凝土裂缝结冰（见图4.15）。

图4.15　不同出水通道挂冰形态

按挂冰位置分腰梁冰、桩间冰（见图4.16）。

图4.16　不同挂冰位置挂冰形态

按挂冰形态可分为冰溜（胡须状，上方滴水形成，较细）、冰柱（出水点位置较低，冻冰直接抵达坑底，形成连续柱状冰）、冰包（在出水点下方及周边形成的浑圆状冰体，依出水量大小，冰包体量也差异较大，大冰包通常会持续增长）、冰排（出水点向下流淌形成的附着在桩间的面状或棱状冰）、冰瀑（呈瀑布状，面状，补给来源丰富，水平方向连续）（见图4.17至图4.19）。

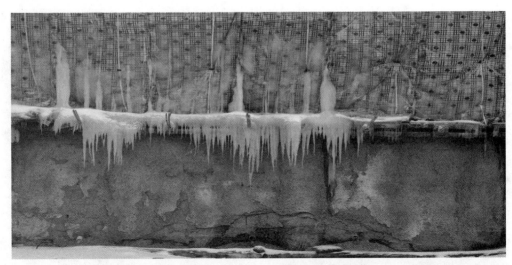

图4.17　挂冰形态（胡须状、冰柱、冰排）

图4.18　挂冰形态（冰包）

图4.19 挂冰形态（冰瀑）

③挂冰潜在风险：锚索腰梁内外部凝结冰对腰梁和锚头形成胀力，破坏腰梁。大体积挂冰对支护结构造成附加应力，增加弯矩。消融块冰脱落，给坑内人员安全带来威胁。

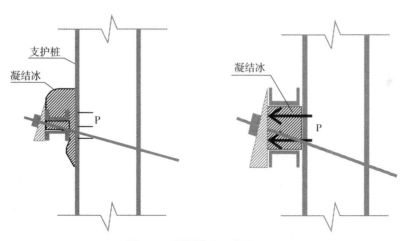

图4.20 腰梁挂冰示意图

④风险分析：挂冰是粘贴在腰梁、桩或桩间坡面上的，大挂冰是自腰梁向外生长的，挂冰在水平方向不对锚索锚拉力产生影响，挂冰由于粘贴强度大，挂冰与腰梁或桩间无相对位移，挂冰因自身重力向下作用也不会传导至锚索。

假设一立方竖向无根的挂冰附着在桩顶或桩间，按不利工况推演，对桩产生的附加弯矩是可以看出的，此附加弯矩对大直径或配筋较大的混凝土灌注桩而言，增加幅度较小，可以忽略，对于钢管桩或单排锚索情况，要根据挂冰的大小进行核算。

⑤查验监测：

A. 凿冰查验：经对长春华润工地锚头及腰梁间挂冰逐层凿冰剥离查验，挂冰并未在锚垫板与腰梁间及锚头与斜铁间产生冰楔，腰梁间充满冰也未产生鼓胀变形。分析原因，主要是由于挂冰是逐渐充填式冻成的，锚具及腰梁周围均为开放空间，对冻冰不构成约束，难以形成冻胀力（见图4.21）。

图4.21　现场腰梁挂冰

B. 融冰连续监测：经在长春华润工地对挂冰从冬天到春天的连续性监测、观察，随温度升高，挂冰逐渐自外向内融化，变小，大体积挂冰未出现整体坠落情况（见图4.22）。

图4.22　现场保温防护措施

⑥实践总结：自然环境下，升温主要靠日照，环境温度是连续变化的，挂冰自外向内消融缩小，不会产生大体积脱落现象。

强行清冰凿除振动或冲击会导致锚索预应力损失，腰梁缀板开裂，凿冰会产生副作用。强行清冰凿除露出出水点后，还会再生长。

挂冰保留，尤其是大体积挂冰保留，对于桩后土体冻胀起到缓冲保护作用，桩后土体冻胀才是对支护结构的最大威胁。

根据受力分析和连续观测，综合考虑，大多数情况下基坑挂冰待其自然消融即可，不必进行强行清除，对于配筋较小的支护结构，视挂冰大小进行核算，并依此控制挂冰尺寸。

4.5　边坡防护

4.5.1　边坡防护形式

工程建设和运营以及自然地质环境中都会涉及众多的边坡问题。边坡按其形成方式分为自然边坡和人工边坡；按其介质又分为土质边坡、岩质边坡和土岩组合边坡;按其稳定状态又分为稳定边坡、不稳定边坡和潜在不稳定边坡等。边坡类型细分起来十分复杂，如土质边坡中有软土、硬土、黄土、膨胀土、填土等，以及不同类土质组合形成的边坡；岩质边坡又大致可分为软岩、硬岩、软硬岩组合、顺向、反向、切向、完整岩、破碎岩、节理岩、风化岩边坡等，以及不同类岩体组合而成的复杂边坡。边坡支护主要针对不稳定边坡，以及那些潜在不稳定或者稳定系数不能满足要求的边坡。边坡支护结构的形式很多，有挡墙、抗滑桩、锚固等，可以说百花齐放。支护中主要使用其中一种、两种，或将不同类型的支护结构组合起来使用。究竟选择什么样的支护结构，要针对实际情况进行多方论证，从比选方案中推荐最优方案，最重要的就是要看所采用方案是否做到了安全、经济、合理、可行。相同的边坡，不同的设计者，做出的方案可能有所不同，甚至出现很大的差异，造价上相差很大，也是不足为奇的。因为个人对边坡的认识不同，设计的理念不同，选择的支护形式也有所不同。如何做到方案最优，是支护工程设计参与者必须考虑的，因为支护结构形式的选择要考虑诸多方面的因素。主要边坡防护形式有以下几种：①重力式挡墙；②悬臂式及扶壁式挡墙；③桩板式挡土墙；④预应力锚杆格构梁支护；⑤锚喷支护；⑥加筋土挡墙；⑦坡率法放坡。

4.5.2 边坡防护发展历史、发展趋势

随着社会经济的发展，城市建设突飞猛进，城市人口日益稠密，用地也日益珍贵。为了改善城市环境，有效地利用城市坡地，需要对现有的临街堡坎进行拆除，利用开挖空地修建房屋，或在坡上建房。因此，边坡开挖与治理又常常和房屋地基处理及周边环境整治相互关联。目前，在某些山地城市市政建设及房地产开发中，涉及边坡治理的建设项目，其边坡整治费用可达工程总投资的30%以上。因此，边坡开挖及加固技术的合理性、可靠性会给地产开发带来很大的经济效益。由于城市用地紧张，过去不为人们所看好的坡地或危滑地段已开始引起投资商的注意。这些地段的地价相对低廉，但可能由于边坡问题带来较大的投资。因此，在地产开发中融入边坡整治的经济效益评估内容，合理有效地开发城市坡地就成为山地城市地产开发的特色。

边坡的加固措施有放缓边坡、边坡排水工程、边坡岩土体加固、边坡坡面防护以及设置支挡结构等。边坡的加固技术各种各样，在边坡治理过程中，一定要因地制宜地应用好这些技术，做到合理、合适、经济、安全。

近年来，我国岩土工程支挡技术快速发展，已从单纯依靠墙身自重来平衡边坡土压力和滑坡下滑力的重力式挡墙，发展为采用锚杆、加筋复合材料等多种新型支挡技术。

生态建设和环境保护是21世纪人类共同关注的热门话题，也是世界各国为之不懈努力解决的焦点问题。基本建设的快速发展与生态环境的不协调，导致了人类赖以生存环境的生态破坏，同时也制约了社会经济的可持续发展，对人类的生存和社会发展构成了威胁。因此，项目开发与环境保护兼顾是经济可持续发展的重大课题，在工程建设中合理利用资源、保护环境、美化环境，是我们必须正视和认真对待的问题。在公路、铁路、水利、建筑等工程建设过程中，土石填挖工程形成的大量土石裸露边坡破坏了既有植被，对当地生态环境影响较大，以往通常采用单纯的工程防护如浆砌片石、喷锚防护等，这些工程措施都导致原有植被破坏、水土流失、滑坡、边坡失稳等一系列生态环境和工程问题。鉴于此，只有借助人工才能加快其恢复过程。利用植被稳定边坡、改善生态环境在生态学上称为边坡生态防护。

4.5.3 影响边坡工程稳定性的因素

影响边坡工程稳定性的因素有很多，大体可分为内在因素和外在因素。内在因素包括：组成边坡的岩土体类型及性质、边坡地质构造和地应力、边坡形态、岩体结构、地

下水等；外部因素包括：气候条件、地表水作用、风化作用、振动作用、坡体植被、人类工程活动等。

（1）内部因素。

①岩土体类型及性质：地质条件是边坡稳定性分析和支护设计最基础、最重要的因素，笼统地说包括地形地貌、地质构造、工程地质、不良地质作用等。

地层与岩性是决定边坡工程地质特征的基本因素，也是研究边坡稳定性的重要依据，因此，地层岩性的差异往往是影响边坡稳定的主要因素。不同地层不同岩性各有其常见的变形破坏形式，古老的泥质变质岩系，如千枚岩、片岩等地层，都属于易滑地层，在这些地层形成的边坡，其稳定性必然较差。

②地质构造和地应力：对于岩质边坡而言，深入研究地质构造是十分重要的，地质构造不仅影响边坡的地形地貌，更重要的是影响边坡岩体的力学性质。如断层破坏边坡岩体的完整性、促使岩体风化进程加快、使岩体节理裂隙更加发育、形成断层破碎带等褶皱改变岩层的产状、轴部岩体节理裂隙发育、揉曲使岩体错动和破碎等。地质构造还为地下水提供了蕴藏和运移的场所，使地下水的活动性增强。

地质构造主要指区域构造特点、边坡地质的褶皱形态、岩层产状、断层和节理裂隙发育特征以及区域新构造运动活动特点等。它对边坡岩体的稳定，特别是对岩质边坡稳定性的影响十分显著。在区域构造比较复杂的地区，边坡的稳定性较差。例如、在我国西南地区的横断山脉地段、金沙江地区的深切峡谷、边坡的崩塌体、滑动体极其发育，常出现超大型滑坡及滑坡群，滑坡、崩塌、泥石流等新老堆积物到处可见。

地应力是控制边坡岩体节理发育裂隙扩展以及边坡变形特征的重要因素。此外，地应力还可直接引起边坡岩体的变形甚至破坏。

③边坡形态：一方面反映的是边坡的原始面貌，是边坡稳定性的控制因素之一，也是边坡稳定性分析可以作为参考借鉴的宏观判据，如地形地貌复杂、高陡边坡对稳定不利。另一方面，地形地貌还影响着边坡的水文地质条件，如地下水的埋藏深度、地下水的季节性变化幅度、地下水的汇集与排泄、汇水面积与地下径流、坡面冲刷强度等，坡头上有冲沟地形对边坡的稳定也是不利的。那些位于陡峻斜坡上的人工边坡，其支护力度往往要大些。

④岩体结构：在岩体强度及其稳定性的研究中，证实了岩体中的断层、层理、节理和片理是边坡稳定性的控制因素。所以，结构面被认为是特别重要的影响因素，结构面强度比岩石本身强度低很多，根据岩块强度计算稳定的岩体边坡可以高达数百米，然而岩体内含有不利方位的结构面时，高度不大的边坡也可能发生破坏。其根本原因就在于岩体中有结构面存在，降低了岩体的整体强度，增大了岩体的变形性和流变性，形成岩体的不均匀性和非连续性。大量边坡的失事证明，一个或多个结构面组合边界的剪切滑移、张拉破坏和错动变形是造成边坡岩体失稳的主要原因。

⑤地下水作用：水文地质及地表水：俗语道"十滑九水"，可见水在边坡变形失稳中起着"推波助澜"的作用。地下水的补径排关系、埋藏条件、变化幅度、活动方式、

对岩土物理力学性质的影响、水压力、腐蚀性等影响着边坡稳定性计算及支护结构选择。地表水包括大气降水及其形成的坡面流、溪沟河流地表水等。一方面大气降水及其坡面流可能冲刷边坡，使边坡岩土的重度增加、土质及软岩边坡强度明显降低，从而促使边坡发生不稳定。另一方面，大气降水通过渗透作用形成地下水，可能形成地下水位产生水压力，可以使边坡土体软化和强度降低，降低软弱结构面的强度，恶化泥化夹层及风化破碎带，使软质岩石软化崩解。

地下水量增加使土体含水量增大，滑动面上的抗滑力减少面下滑。由实验可知黏性土的抗剪强度随土的含水量增加而显著减少。

地下水位增高使土体的重度增大、浸湿范围加大，漫湿程度加剧，降低山坡体土的黏聚力。在黏性十层中最易沿此层发生滑动。

地下水流速加大促使土的潜蚀作用，破坏了坡体的稳定性而滑动。

地下水动水压力和静水压力都是助长滑动的因素。3形及地貌

从局部地形可以看出：下陡中缓上陡的山坡和山坡上部呈马蹄形的环状地形，且汇水面积较大时，在坡积层中或沿其岩面易发生滑动。

（2）外部因素。

① 气候条件：夏季炎热干燥，使黏土层龟裂，遇暴雨时，水沿裂缝渗入土体（滑坡体）内部，促使滑动。雨季开挖边坡、坡土湿化，黏聚力降低，重度增大，对坡体稳定不利。气候变化促使岩土风化减少黏聚力和结合力，尤其是粉质黏土或夹有黏土质岩的地层。当雨水渗入较多时，易发生浅滑或表土溜滑。

② 地表水作用：地表水下渗，增加坡土的含水量，使土达到塑性状态，降低土体的稳定性。当水渗入不透水层上时，使接触面润湿，摩擦力减小，使坡体失去稳定而下滑。水库、河道水体冲刷及潜蚀坡脚削弱坡体的支撑部分，引起坡体下滑。河水涨落引起地下水位升降，易引起坡体下滑力和抗滑力的变化，以致造成滑坡。

③ 其他因素：地震、爆破及机械振动等可能增加下滑力。振松土体结构，易于渗水;同时也减小土体内抗剪强度。由于切坡不当、破坏坡脚体支撑部分，失去平衡而下滑。如坡脚处开挖路堑挖去坡脚等须特别注意。人为地破坏山坡表层覆盖、引起渗入作用加强，易促进坡体活动。人为地破坏了自然排水系统，如设计的排水设备布置不当，或泄水断面太小，引起排水不畅或漫溢乱流，使坡体被浸湿等。人为浸水，如将滑坡外的地表水引入滑坡区内作为灌溉之用，或高位水池排水管道、渠道漏水，都可加速滑坡的活动。堆载，如在坡体上修造建筑物，施工中的弃土堆放在坡顶附近，都可能破坏坡体的平衡，造成滑坡。

4.5.4 我省边坡防护对策

辽宁省位于我国东北地区南部，南邻黄海和渤海，地势东西部高，中间低，由陆地向海洋倾斜。分为东部山地丘陵、西部山地丘陵和中部平原三部分。东部山地丘陵由东北部与长白山脉毗连，南、西南、东南三面环海，由长白山的延续部分及其支脉千山山

脉组成，从东北向西南延伸，一般海拔在500 m以下。西部山地丘陵是内蒙古高原与辽河平原的过渡地带，主要由努鲁儿虎山、松岭山、医巫闾山等几条东北至西南走向的山岭组成，海拔在300～500 m。中部平面位于东部山地丘陵与西部山地丘陵之间，主要由辽河及其支流冲积而成，是东北平原的一部分，一般在海拔50 m以下。

危险边坡分布与辽宁省主要山脉分布规律相似，在辽宁东南部山区，主要分布于龙岗山、长白山、千山及其周围地区；在辽东北地区，主要分布于吉林哈达岭及其周围地区；在辽宁西部山区，则分布在松岭、黑山附近地区和医巫闾山周围地区。与辽宁省的地势特征基本相应。

辽东地区岩体较多，岩石有闪长岩、二长花岗岩、花岗闪长岩、正长岩、粗面岩；辽北地区有斜长花岗岩、二长花岗岩，岩体规模较大；辽西地区主要为混合花岗岩和灰岩。

根据辽宁地区地形、地质特点，常用的边坡工程加固的措施包括：削坡、坡体加固、坡面排水、植物防护等。

边坡防治措施主要有：边坡坡面防护、落石防护、边坡支挡、边坡锚固及边坡疏排水。不论采用哪种方法，防护工程都遵循因地制宜、就地取材、经济适用及兼顾景观的原则。

辽宁省常用边坡支护形式及适用条件见表4.22。

表4.22 辽宁省常用边坡支护形式及适用条件

类型	边坡支护形式	适用条件
削坡	坡率法	场地具备放坡条件、地质条件不复杂的场地
坡体加固	锚杆挡墙	开挖面小，具有锚固条件的地段
	锚定式	填方工程
	重力式挡墙	石料丰富地区，对地基承载力要求较高
	悬臂式挡墙和扶壁式挡墙	石料缺乏和地基承载力较低的填方地段
	桩板式挡墙	开挖面小
	加筋土挡墙	填方工程
坡面加固	植物防护	坡面较缓、边坡高度较小
	坡面硬化处理	坡面较陡、特殊土边坡

第5章 辽宁各地区典型岩土工程案例

5.1 沈阳市府恒隆广场基坑支护及降水工程

5.1.1 项目概况

本工程位于沈阳市沈河区市府广场南侧，场地北侧为小西路，南侧为中山路，西侧为青年大街，东侧为斗姆宫东巷。沈阳市府恒隆广场发展项目包括综合公建（包括购物中心、办公、酒店等）及服务式公寓等，将分期兴建。第一期地上建筑面积约为39万m²，另设有地下停车场、地铁接驳及商场，整体开挖深度为23.70 m。基坑占地面积约为6.5万m²，基坑支护边线周长约1050 m。总平面图如图5.1所示。

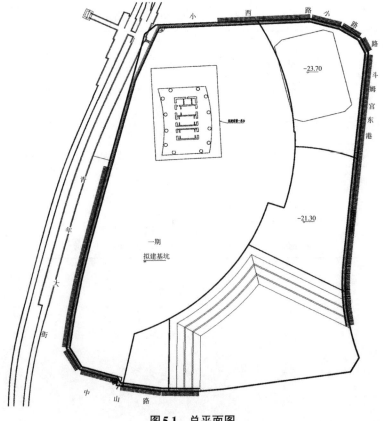

图5.1 总平面图

5.1.2　场区地质条件

（1）工程地质条件：场地地基土在钻探深度内自上而下依次叙述如下。

①杂填土：杂色，主要由黏性土、炉渣、碎砖、碎石、水泥块组成，稍湿～饱和，结构松散。

②粉质黏土：褐色～黄褐色，可塑，饱和，无摇振反应，稍有光滑，韧性中等，干强度中等。

③粗砂1：褐黄色，以长石、石英为主，粒径均匀，中密，很湿。

④砾砂1：褐黄色，以长石、石英为主，混粒结构，稍密～中密，很湿，局部呈圆砾状分布。此层整个场区分布较连续。

⑤圆砾1：以火成岩为主，亚圆形～圆形，磨圆度较好，颗粒大小不均匀。

⑥砾砂2：褐黄色，以长石、石英为主，混粒结构，中密，饱和，局部呈圆砾状分布。

⑦圆砾2：以火成岩为主，亚圆形～圆形，磨圆度较好，颗粒大小不均匀。

⑧粗砂2：橙黄色～褐黄色，以长石、石英为主，粒径均匀，密实，饱和，黏粒含量约10%，局部有薄层粉质黏土夹层。

⑨圆砾3：以火成岩为主，亚圆形～圆形，磨圆度较好，颗粒大小不均匀。

（2）水文地质条件：整个场区地下水类型为潜水，主要赋存于圆砾1、粗砂1、砾砂1、圆砾2、圆砾3、粗砂2、粗砂3、砾砂2、中砂1、圆砾层、中砂2中，受大气降水和地下径流补给，水量丰富。水位随季节变化，变化幅度为1～2 m左右。同时，地下水位变化受人为活动影响较大。市区部分工厂搬迁、自备井减少、地下水资源开采实行统一管理及浑河设拦水坝提高河水位等诸多因素综合作用，沈阳市区地下水位10多年来总体上呈上升趋势，2005年丰水期较上年上升幅度一般在0.05～1.5 m，部分地区上升幅度为1.5～2.7 m。

5.1.3　基坑设计方案

一、二期基坑采用旋挖钻孔混凝土灌注桩加预应力锚索支护形式，坑内局部加深部位采用钢管桩支护方案，西北角处与地铁相邻段采用楼板双支撑支护体系，一、二期交接处采用喷锚、放坡支护体系。

在基坑周边设置降水井，降水按照大间距、大泵量的原则进行设计。坑内塔楼处局部加深部位采用二级井降水方式确保基坑在使用过程中处于无水状态。

典型剖面图如图5.2、图5.3所示。近地铁段支护图如图5.4所示。

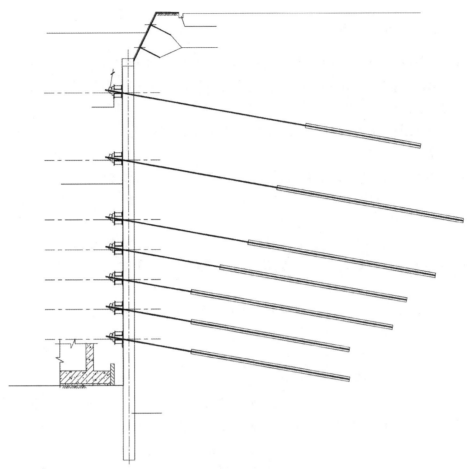

图5.2 典型剖面图1

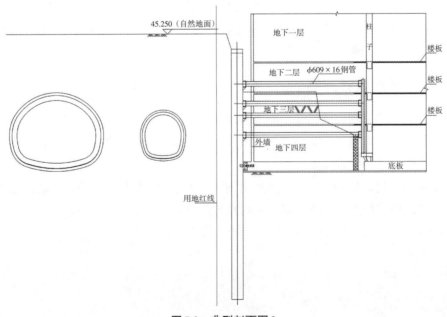

图5.3 典型剖面图2

图5.4 近地铁段支护图

5.1.4 小 结

本基坑面积较大，深度较深，在始建初期为沈阳最深基坑，周边条件复杂，西侧紧邻沈阳"金廊"青年大街，北侧为市府广场，为沈阳市中心区域，地铁二号线在基坑侧通过。基坑主要采用桩锚支护体系，辅以管井降水的地下水控制措施，确保基坑施工和使用期间坑底干燥。地铁侧采用局部中心岛支护方式，结合双管支撑体系控制了地铁受基坑开挖影响的位移变化，施工期间地铁运行平稳。

5.2 中国医科大学附属第四医院扩建崇山院区综合病房楼 B座项目基坑支护及降水工程

5.2.1 项目概况

本工程的拟建场地位于沈阳市皇姑区崇山东路4号，中国医科大学附属第四医院院内，总建筑面积为47810 m^2。

基坑深度为15.8 m，基坑周长为280 m，基坑面积为4567 m^2。基坑安全等级为一级，侧壁重要性系数取1.1。

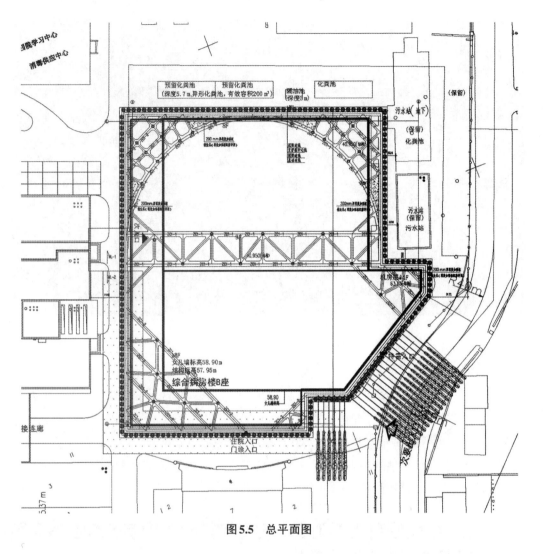

图5.5　总平面图

5.2.2　场区地质条件

（1）工程地质条件：揭露地层如下。

①杂填土：杂色，以沥青路面、碎砖、碎石、混凝土块等建筑垃圾为主，含少量黏性土、煤渣等。稍湿，松散，整个场区普遍分布，堆积年限10年左右，层厚1.40～4.30 m。

②粉质黏土1：黄褐色，无摇振反应，稍有光泽，韧性中等，干强度中等。硬可塑，饱和，场区局部分布，层厚0.50～3.60 m。

③中砂1：黄褐色，由石英、长石质组成，混粒结构，颗粒大小均匀，分选性好，级配差，局部含土量稍大。稍湿，中密～密实。场区局部分布，局部呈粗砂、砾砂状，层厚0.30～4.50 m。

④砾砂：黄褐色，石英，长石质。混粒结构，圆形～椭圆形，级配较好，一般粒

径为2~10 mm，最大粒径为50 mm。含少量黏性土，稍湿~饱和，密实~很密。场地普遍分布，局部呈粗砂、圆砾状，层厚1.40~22.40 m。

⑤粗砂：黄褐色，由石英、长石质组成，混粒结构，颗粒大小均匀，分选性好，级配差，局部含土量稍大。稍湿，密实~很密。场区局部分布，局部呈砾砂状，层厚1.10~9.20 m。

⑥粉质黏土2：黄褐色，无摇振反应，稍有光泽，韧性中等，干强度中等。软可塑，饱和。场区局部分布，层厚0.30~4.40 m。

⑦含黏性土圆砾：黄褐色，由结晶盐组成，最大粒径约为120 mm，亚圆形，卵石、砾石含量较大，为50%~70%，部分卵石、砾石严重风化，呈乳白色、红褐色，用手可掰碎，沙砾石胶结，含有大量黏性土，中密，此层场区普遍分布，埋藏较深，本次勘察未钻穿，最大揭露厚度为33.60 m。

⑧粉质黏土3：黄褐色，无摇振反应，稍有光泽，韧性中等，干强度中等。软可塑，饱和。场区局部分布，层厚0.70 m。

⑨中砂2：黄褐色，由石英、长石质组成，混粒结构，颗粒大小均匀，分选性好，级配差，局部含土量稍大。饱和，很密。场区局部分布，局部呈细砂、粗砂状，层厚1.00~5.20 m。

（2）水文地质条件：本次勘察所有钻孔在钻探深度内均见有地下水，整个场区地下水类型为第四纪孔隙潜水，主要受地下径流、大气降水补给，水位随季节变化，变化幅度为1~2 m。稳定水位在自然地面下13.50~13.80 m，相当于"1985国家高程基准"的34.41~34.60 m。

5.2.3 基坑设计方案

基坑支护方式采用混凝土桩+全支撑支护形式，局部采用混凝土桩+锚索的支护形式。本工程采用井点降水，井深30 m，平均间距12.0 m，单井涌水量100 t/h。典型剖面图如图5.6所示。

5.2.4 小 结

本基坑位于沈阳市中国医科大学附属第四医院院内，周边条件复杂，西侧、东北侧和南侧均邻近已有建筑物，西侧密布管线。支护空间有限，方案采用内支撑结合桩锚支护体系，考虑基坑平面的特殊性，在基坑北侧采用半圆环撑方案，半圆开口利用桁架对撑控制变形，东南角采用桩锚方案。整体计算模型，三道布撑方式，计算结果符合现行国家和地方规范标准，有效控制了基坑的位移，避免了对周边已有建筑物的扰动。由于地层为典型沈阳沙砾石地层，降水采用管井降水方案，水位维持在基坑地面下1 m，达到地下水控制目的。

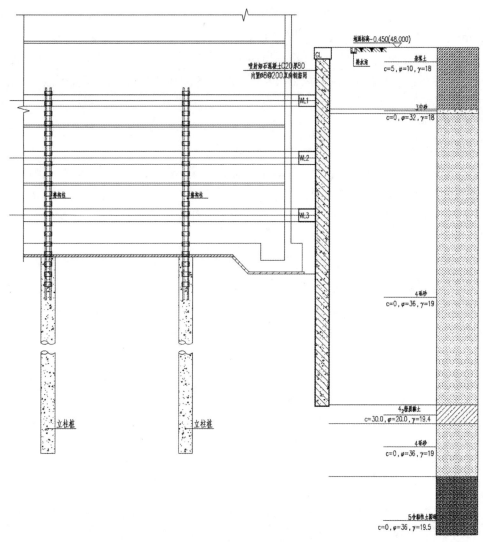

图 5.6 典型剖面图

5.3 营口兴隆大厦基坑支护及降水工程

5.3.1 项目概况

营口兴隆大厦地上部分 25 层，高 99.8 m，地下部分 2 层，其南侧为永红市场，距离建筑红线约 13.7 m，北侧为电子文化商城，东侧为学府路，西侧为 2～6 层砖混住宅，距离建筑约 2.34～10.9 m。

基坑呈矩形，长 136.65 m，宽 95.25 m，深 8.60～10.95 m，支护面积 13016 m²。总平面图如图 5.7 所示。

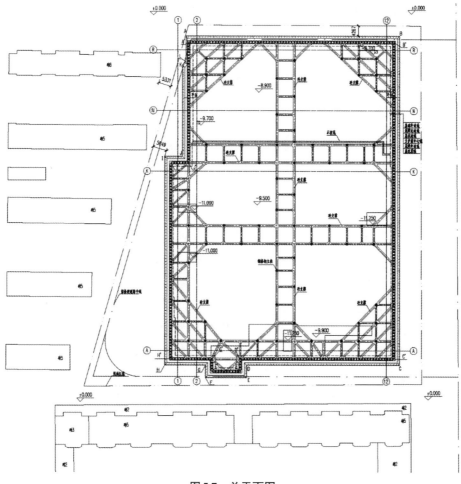

图5.7 总平面图

5.3.2 场区地质条件

（1）工程地质条件：根据本工程岩土工程勘察报告，支护结构范围内场地地层自上而下为以下几种。

① 杂填土：杂色，以建筑垃圾为主，含混凝土、碎石、砖块及黏性土等，松密不均，场区普遍分布，厚度为1.60～2.90 m，平均1.94 m；层底标高为2.80～1.30 m，平均层底标高为1.75 m；层底埋深为1.60～2.90 m，平均层底埋深为1.94 m。

② 粉质黏土1：黄褐色，无层理，含少量铁质结核，呈饱和、软塑状态，中～高压缩性，光泽反应稍有光滑，干强度中等，韧性中等，无摇振反应，场区普遍分布，厚度为1.00～2.40 m，平均厚度为2.01 m；层底标高为4.00～3.40 m，平均层底标高为3.76 m；层底埋深为3.70～4.10 m，平均层底埋深为3.95 m。

③ 粉质黏土与粉砂互层1：灰色，该层土的总体特征是黏性土与粉砂呈薄层互层状分布，呈饱和、软塑状态，中压缩性，光泽反应稍有光滑，干强度中等，韧性中等，无摇振反应，场区普遍分布。厚度为1.20～2.20 m，平均厚度为1.60 m；层底标高为

5.80～5.00 m，平均层底标高为 5.36 m；层底埋深为 5.20～6.00 m，平均层底埋深为 5.55 m。

④ 粉质黏土2：灰色，呈饱和、流塑状态，中～高压缩性，光泽反应稍有光滑，干强度中等，韧性中等，无摇振反应，场区普遍分布，厚度为 3.40～4.40 m，平均厚度为 3.87 m；层底标高为 9.70～8.90 m，平均层底高为 9.23 m；层底埋深为 9.10～9.80 m，平均层底埋深为 9.42 m。

⑤ 粉质黏土与粉砂互层2：灰色，呈饱和、软塑状态，中压缩性，光泽反应稍有光滑，干强度中等，韧性中等，无摇振反应，场区普遍分布，厚度为 2.60～3.80 m，平均厚度为 3.10 m；层底标高为 13.00～12.00 m，平均层底标高为 12.34 m，层底埋深为 12.20～13.10 m，平均层底埋深为 12.53 m。

⑥ 粉砂1：灰绿色，呈饱和、中密状态，场区普遍分布，厚度为 2.10～4.10 m，平均厚度为 3.14 m；层底标高为 16.20～14.50 m，平均层底标高为 15.47 m；层底埋深为 14.70～16.40 m，平均 15.66 m。

⑦ 粉砂2：黄褐色，级配较好，磨圆较好，呈饱和、密实状态，场区普遍分布，厚度为 7.50～10.20 m，平均厚度为 8.50 m；层底标高为 24.80～23.30 m，平均层底标高为 23.98 m；层底埋深为 23.40～25.10 m，平均层底埋深为 24.17 m。

（2）水文地质条件：勘察揭示的与建筑物有关的地下水为第四系（Q/4）潜水，补给来源以大气降水为主，排泄以蒸发为主，水位随季节略有变化，稳定水位埋深1.20 m，历史最高水位埋深0.60 m。

5.3.3　基坑设计方案

基坑采用支护桩+钢筋混凝土支撑联合支护，支护桩间设置旋喷桩止水帷幕。支护桩采用反循环钻孔灌注桩。桩径1.0 m，桩间距1.2 m。

基坑采用旋喷桩止水帷幕+集水明排的地下水控制方法。坑内水位应降至基底以下0.5 m。典型剖面图如图5.8所示，现场支护图如图5.9所示。

5.3.4　小　结

本基坑位于辽宁省营口市，为典型的海相沉积地层，主要以流塑和软塑粉质黏土和粉质黏土与粉砂互层地层为主，周边地表受降水影响较大。本基坑周边环境条件复杂，综合考虑采用全支撑加帷幕支护体系，支撑系统以对撑和角撑为主。同时，考虑主塔楼施工工序，支撑布置避开塔楼位置。地下水控制采用了支护桩间设置旋喷止水帷幕方式，控制基坑外地表位移。从基坑监测结果来看，满足基坑稳定性和使用性要求。

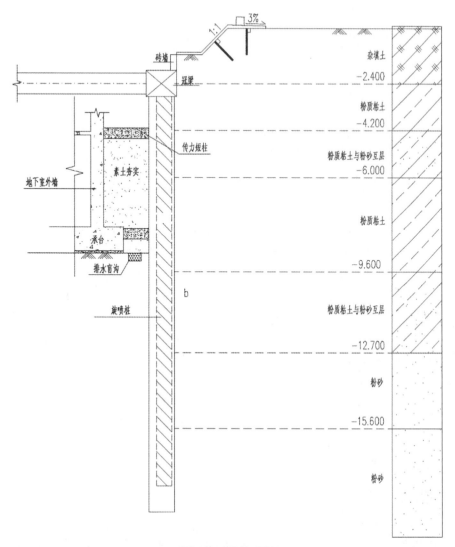

图5.8 典型剖面图

图5.9 现场支护图

5.4 锦州国际会展中心基坑支护及降水工程

5.4.1 项目概况

本工程位于锦州市府广场西侧，分A、B两区，A区为酒店、办公商用大楼，地上43层，地下2层；B区为裙房、展厅，地上3层，地下2层。

本基坑占地面积约2.7万 m²，分A，B两区，A区深约13 m，B区深约8 m。总平面图如图5.10所示。

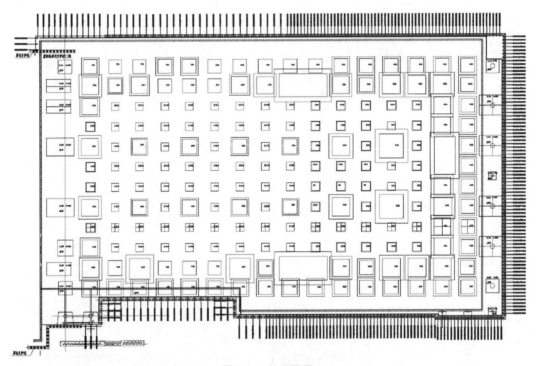

图5.10　总平面图

5.4.2 场区地质条件

（1）工程地质条件：场地地基土在钻探深度内自上而下依次叙述如下。

①杂填土：杂色，主要由黏性土、炉渣、碎砖、碎石、水泥块组成，稍湿～饱和，结构松散。层厚0.8～6.2 m。

②粉质黏土1：黄褐～褐色，局部为粉土，无摇振反应，稍有光滑，韧性中，干强度中，湿～饱和，硬塑～可塑。局部分布，层厚0.30～3.70 m。

③粉质黏土2：黄褐～褐色，局部为粉土，无摇振反应，稍有光滑，韧性中，干强度中，饱和，可塑～软塑。局部分布，层厚0.40～5.80 m。

④中砂1：褐黄色，以长石、石英为主，粒径均匀，含少量黏粒，松散～稍密，很

湿。局部分布，层厚0.50～3.00 m。

⑤ 粉质黏土3：黄褐～褐色，无摇振反应，稍有光滑，韧性中，干强度中，饱和，可塑～软塑。为中砂夹层，局部分布在P13#钻孔3.40～4.10 m、G12#钻孔3.30～4.00 m、G15#钻孔6.80～7.00 m、P14#钻孔4.00～5.80 m、T6#钻孔3.50～4.00 m，层厚0.20～1.80 m。

⑥ 圆砾1：以火成岩为主，扁状，亚圆形，磨圆度较好，颗粒大小不均匀，一般粒径为2～20 mm，根据钻探取样推断，最大粒径大于200 mm，稍密，混粒砂，局部呈砾砂状，此层整个场区普遍分布，层厚0.1～11.30 m。

⑦ 粉质黏土4：黄褐～褐色，无摇振反应，稍有光滑，韧性中，干强度中，饱和，可塑，约含10%角砾。为圆砾1夹层，局部分布在G1#钻孔8.30～8.70 m、T1#钻孔5.10～5.30 m、B 17#钻孔8.90～9.30 m、P4#钻孔10.00～10.40 m、T4#钻孔4.80～4.90 m、G7#钻孔4.60～4.80 m、B13#钻孔5.00～6.10 m、G9#钻孔7.00～7.20 m，层厚0.10～1.10 m。

⑧ 圆砾2：以火成岩为主，扁状，亚圆形，磨圆度较好，颗粒大小不均匀，一般粒径为2～20 mm，根据钻探取样推断，最大粒径大于200 mm，中密～密实，混粒砂，局部呈砾砂状，此层整个场区普遍分布，层厚0.10～11.00 m。

⑨ 粉质黏土5：黄褐～褐色，无摇振反应，稍有光滑，韧性中，干强度中，饱和，可塑，约含15%角砾。为圆砾2夹层，局部分布，层厚0.10～0.80 m。

⑩ 圆砾3：以火成岩为主，亚圆形，磨圆度较好，颗粒大小不均匀，一般粒径为2～20 mm，根据钻探取样推断，最大粒径大于200 mm，中密～密实，混粒砂，局部呈砾砂状，此层整个场区普遍分布，呈"泥包砾"状，黏粒含量约2%～5%，局部有薄层粉质黏土夹层，下部少量圆砾和卵石，已风化，用手可掰碎，层厚0.20～1.90 m。

⑪ 中砂2：褐黄色，以长石、石英为主，粒径均匀，含少量黏粒，密实，饱和。为圆砾3夹层，局部分布，层厚0.20～1.90 m。

⑫ 粉质黏土6：黄褐～褐色，无摇振反应，稍有光滑，韧性中，干强度中，饱和，可塑，约含15%角砾，此层为圆砾3夹层，局部分布，层厚0.10～1.20 m。

⑬ 强风化安山岩（k1y）：局部为沉凝灰岩、凝灰质砂岩、安山质角砾熔岩，灰色～棕色，斑状结构和碎裂结构，基质具交织结构，块状构造，主要矿物为斜长石、辉石、隐晶质矿物。柱状岩芯提取较困难，岩芯碎片用手易于掰断，岩石风化强烈，节理裂隙发育，其间充填较多黏粒，岩芯多呈碎块状，岩石坚硬程度等级为软岩。岩体破碎，岩体基本质量等级为 V 级。层顶标高为3.33～1.71 m，最大揭露厚度为18.20 m。

⑭ 中风化安山岩（k1y）：局部为沉凝灰岩、凝灰质砂岩、安山质角砾熔岩，灰色—棕色，斑状结构和碎裂结构，基质具交织结构，块状构造，主要矿物为斜长石、辉石、隐晶质矿物。坚硬，回转钻进较困难，岩芯多呈柱状，岩石坚硬程度等级为较软

岩。岩体较完整，岩体基本质量等级为Ⅳ级。层顶标高16.22～0.69 m。此层整个场区普遍分布，最大揭露厚度为11.40 m。

（2）水文地质条件：本次勘察在钻探深度内见有地下水，整个场区地下水类型为潜水，主要赋存于中砂1、圆砾1、圆砾2、圆砾3中，受大气降水和地下径流补给，水量丰富。地下稳定水位埋深5.20～7.20 m。

5.4.3　基坑设计方案

本基坑占地面积约2.7万㎡，分A，B两区，A区深约13 m，支护方案为上部4 m土钉墙，下部采用支护桩+预应力锚索的支护体系；B区深约8 m，支护方案为上部4 m土钉墙，下部采用支护桩+预应力锚索的支护体系。

本基坑支护采用管井降水，共设21口降水井，基坑四周布设，降水井平均间距20 m，井深22 m，单井涌水量80～160 t/h，由于坑底存在粉质黏土隔水层，坑内采用疏水井和明沟排水措施，将坑内积水引排至疏水井中，保证基坑施工期间坑底干燥。

典型剖面图如图5.11所示，降水井剖面图如图5.12所示。

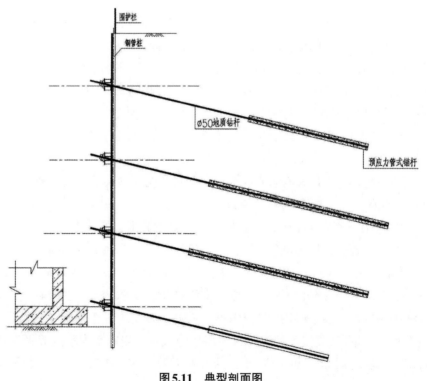

图5.11　典型剖面图

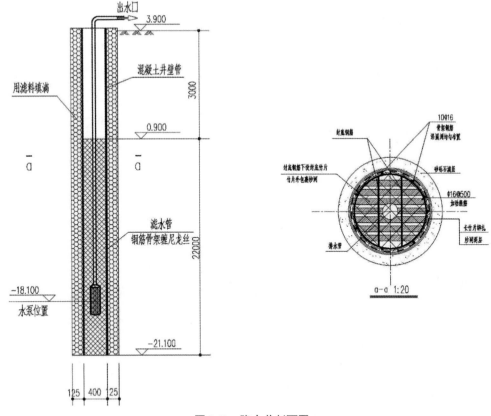

图5.12 降水井剖面图

5.4.4 小 结

本基坑采用桩锚支护体系，由于典型地层为砂层和土层互层，在砂土交界面处水位下降困难，降水方案以外围管井降水为主，辅以坑内明沟排水方案，坑内以一定间距设置漏水井，兼做集水井使用。采用综合降排水方案确保坑底干燥满足施工要求。支护桩采用钢管桩，辅以预应力管式锚杆方案，管式锚杆的锚拉力由基本试验确定满足设计要求。

5.5 丹东市垃圾处理场改造建设（焚烧发电）PPP项目边坡支护工程

5.5.1 项目概况

丹东市垃圾处理场改造建设（焚烧发电）PPP项目位于丹东市振安区同兴镇龙母村侯家堡西山沟，丹东市东环生活垃圾处理有限公司西侧山体。场地地貌单元属低山丘陵，勘察期间场地尚未进行整平，地形高差较大，最大高程近180 m，最低高程近115

m，绝对高差近65 m。拟建场区及周边山体地表植被较好，山体多覆盖次生杂木林。

拟建场地北侧、西侧以及南侧为挖方边坡，边坡高度为8~56 m。边坡安全等级为一级，支护结构重要性系数为1.1。本工程所在地区的抗震设防烈度为7度，设计基本地震加速度值为0.15g，待加固挡墙的使用年限等同于被保护建筑物设计使用年限。总平面图如图5.13所示。

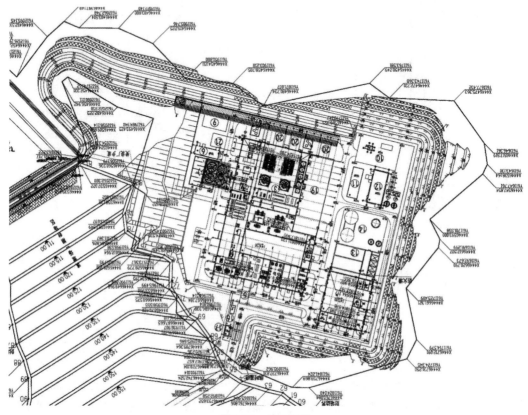

图5.13 总平面图

5.5.2 场区地质条件

（1）工程地质条件：根据地质勘查报告，场地自上至下揭露地层依次为以下几种。

① 碎石土：灰黄~黄褐色为主，湿~饱和，稍密~中密状态，最大粒径只有100 mm，一般粒径为50~100 mm，粗颗粒多呈棱角状，含量占55%~65%，呈中风化状态，碎砾石岩性以混合花岗岩、闪长岩及各种岩脉为主，分选一般，磨圆较差，棱角较明显，充填中粗砂及粉土，级配不良，多呈非接触排列。本层分布于现有山体表面，成因为坡残积，表层多有20~30 cm腐殖土，有大量植物根茎。本层分布连续，揭露厚度为0.30~2.40 m。

② 强风化混合花岗岩：灰黄~黄褐色，粒状结构，块状构造，岩芯呈碎石状，风化程度不均，局部为砂土状，节理裂隙很发育，矿物成分以长石、石英为主，钻进中钻

杆跳动剧烈，其岩石坚硬程度为软岩，本层分布连续，揭露厚度为2.50～5.50 m。

③中风化混合花岗岩：黄褐～灰青色为主，粒状结构，块状构造，岩芯呈短柱、碎石状，锤击声不清脆，较易击碎，节理裂隙发育，矿物成分以长石、石英为主，其岩石坚硬程度为较软岩。本层夹多种中风化状态的岩脉，本层揭露厚度为5.30～25.30 m。

④微风化混合花岗岩：灰白～灰青色为主，粒状结构，块状构造，岩芯呈短柱状，锤击不易碎，节理裂隙不发育，矿物成分以长石、石英为主，其岩石坚硬程度为较硬岩。本层只在部分钻孔有揭露，揭露厚度为3.50～16.50 m。

（2）水文地质条件：拟建场区勘察期间未发现地表水。勘察期间由于非雨季，勘察场区基岩裂隙及山坡中的坡积碎石中未发现地下水。

5.5.3　边坡设计方案

挖方边坡采用重力式挡土墙支护、岩石喷锚支护、格构式锚杆挡墙支护及桩板式锚杆挡墙支护等。

挖方区域长度约为1000 m，最高挖方高度达到56 m，山体表层为碎石土，其下为强风化混合花岗岩、中风化混合花岗岩和微风化混合花岗岩，边坡顶部碎石土处采用较缓坡率或格构式锚杆挡墙支护，边坡中部和边坡底部为基岩采用岩土锚喷支护，边坡8 m一级，留2 m平台。

道路路堤边坡高约6 m，局部需回填至道路设计标高，采用重力式挡土墙支护。道路路堑边坡高约12 m，场地空间较小，采用桩板式锚杆挡墙支护。典型剖面图如图5.14、图5.15所示，现场支护图如图5.16所示。

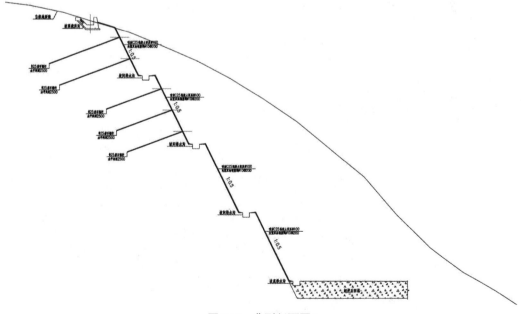

图5.14　典型剖面图1

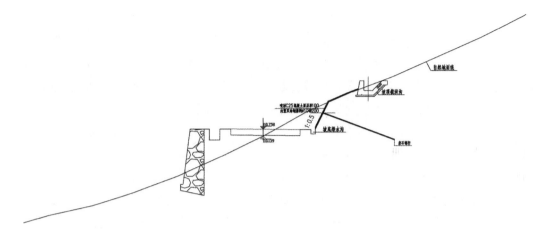

图5.15　典型剖面图2

图5.16　现场支护图

5.5.4　小　结

本项目为典型工业场区边坡防护工程，场区整平过程中土方考虑挖填平衡，大大减少外运土方量。挖方区主要采用锚杆挡墙形式，分级边坡支护。填方区采用加筋土挡墙，护面采用生态袋复绿处理，满足边坡稳定、绿色环保要求。坑内道路两侧结合采用桩锚支护体系，满足边坡稳定要求。考虑系统排水，结合场区外排水系统、地形分布情况，分别设置截水沟、泄洪沟、跌水、急流槽等地表水汇集排泄措施，统一外排至场区外排水系统，确保场区内外来水体的搜集，避免对场区造成不利影响。

5.6　辽宁省实验学校本溪高新区分校边坡支护工程

5.6.1　项目概况

辽宁省实验学校本溪高新区分校工程位于本溪高新区孙思邈大街东南侧，西北侧与本溪高中分校相邻。

边坡支护结构为永久性结构，设计使用年限为50年。边坡支护高度为3~10 m。边坡安全等级局部为三级，其余为二级。总平面图如图5.17所示。

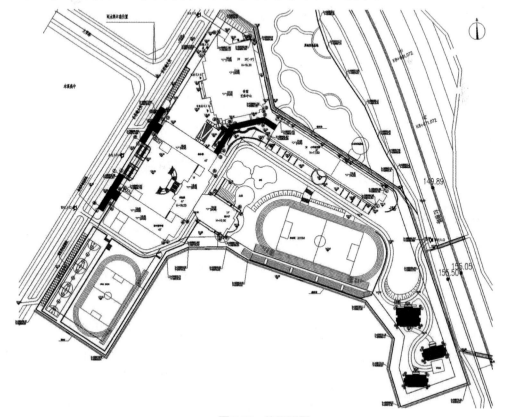

图5.17　总平面图

5.6.2 场区地质条件

（1）工程地质条件：场区地层自上而下为以下几种。

① 耕植土：黄褐色，原岩为花岗岩，主要矿物为长石、石英、云母，主要矿物已完全风化成砂土状，结构完全被破坏，干钻容易，可用镐挖，手捏易碎。

② 全风化花岗岩：黄褐色~灰白色，主要矿物为长石、石英、云母。主要矿物已完全风化成砂土状，结构基本被破坏，干钻较容易，可用镐挖，手捏易碎。

③ 强风化花岗岩：灰白色，花岗结构，块状构造，主要矿物为斜长石、石英、黑云母。节理裂隙发育。岩芯呈碎块状。

④ 中风化花岗岩：灰绿色，花岗结构，块状构造，主要矿物为角闪石、黑云母、石英和斜长石。岩质新鲜，未见风化痕迹，强度很高。

（2）水文地质条件：场地内勘察期间，钻探深度内有一层地下水，第一层为粉质黏土与花岗岩间孔隙潜水，水位埋深为1.90~2.30 m，标高为130.20~1131.57 m。

5.6.3 边坡支护设计方案

边坡支护高度为3~10 m。边坡安全等级局部为三级，其余为二级。

采用预应力锚索（岩石防护锚杆）+喷射混凝土面板、土钉墙、六角砖植草护坡支护形式。典型剖面图如图5.18、图5.19所示。

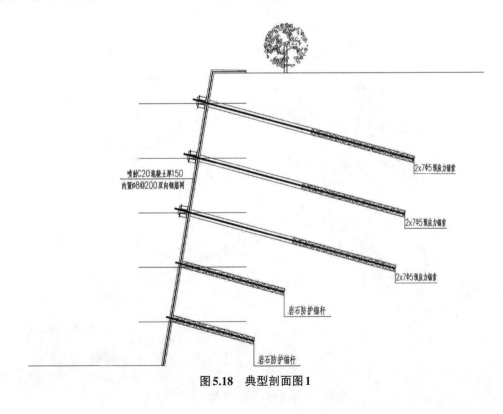

图5.18 典型剖面图1

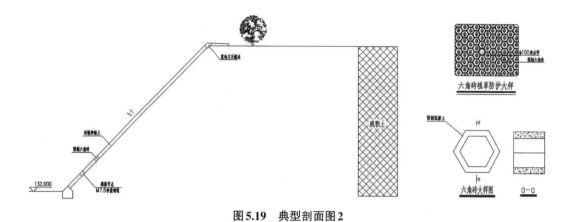

图5.19　典型剖面图2

5.6.4　小　结

本项目为本溪地区典型边坡防护工程，场区位于山地，以挖方为主，风化岩埋深较浅，直立性较好，校舍间边坡防护以岩石锚喷方案为主，采用上部预应力锚索控制坡顶位移下部采用全长注浆岩钉，确保边坡稳定。道路两侧采用自然放坡结合护墙方案，护墙采用六角砖护面，砖内采用植草防护，为防止雨水冲刷，坡顶和坡底设置截排水沟。场区排水通过地形计算汇水面积，结合场区冲沟分布情况设置急流槽、跌水等，统一汇入外排水系统。

5.7　大连星海湾古城堡酒店改造设计项目

5.7.1　项目概况

项目位于大连市星海湾滨海西路北侧。由两组塔楼及裙房组成，其中塔楼一为酒店，地上17~21层，裙房为地上4层，地下3层；塔楼二为酒店式公寓，地上10~12层，塔楼部分设置地下2层，裙房部分设置地下3层。场地南侧拟建1层泵房和水池。

包含5处边坡，1处挡墙加固设计，1处基坑支护设计。边坡一位于酒店西北侧，边坡高度为5.40~22.00 m，边坡安全等级一级；边坡二位于酒店东北侧，边坡高度为4.70~28.70 m，边坡安全等级一级；边坡三位于酒店与裙房交界处，边坡高度为9.80 m，边坡安全等级二级；边坡四位于酒店式公寓与裙房交界处，边坡高度为7.15 m，边坡安全等级二级；边坡五位于酒店式公寓与酒店交界处，边坡高度为16.95 m，边坡安全等级一级；拟加固挡墙位于酒店北侧，墙高7.80 m（8.80 m）。

图5.20 工程现场照片

5.7.2 场区地质条件

本场地地层由杂填土、强~中风化板岩和中~微风化板岩组成，具体为以下几种。

①杂填土：灰褐色，杂色，主要由碎石、建筑垃圾、砖瓦块和黏性土组成，其硬杂质含量占全重量的50%左右，稍湿，稍密状态，大小混杂，不均匀，回填时间约为10年，层厚0.40~15.80 m。

②强风化板岩：灰黄色，变余泥质结构，板状构造，岩体风化节理裂隙发育，岩芯呈片状、碎块状。岩体破碎，岩体基本质量等级Ⅴ级，属软岩，层厚0.70~5.50 m。

③中风化板岩：灰黄色，灰白色，变余泥质结构，板状构造，节理裂隙较发育，裂隙面有锈蚀痕迹，岩芯呈块状、短柱状，岩体较完整，局部较破碎，岩体基本质量等级Ⅳ级，属较软岩。

大连古城堡酒店岩土参数设计标准值如表5.1所示。

表5.1 岩土物理力学参数表

岩土类型	密度/g·cm⁻³	弹性模量/MPa	泊松比	摩擦角/(°)	黏聚力/kPa
杂填土	1.80	15	0.40	8	15
粉质黏土	1.88	20	0.38	13	12
强—中风化板岩	2.60	0.8×10^4	0.32	25	50
中—微风化板岩	2.70	1.2×10^4	0.28	35	5

5.7.3 边坡支护设计方案

边坡岩体基本稳定不存在顺层滑动，边坡安全等级为一级，工程重要性系数为1.10。边坡支护结构为永久性结构，设计使用年限为50年。由于建成后坡顶为一条公路，故取坡顶地面等效超载为30 kPa。

考虑到本工程边坡为一级永久边坡且上部公路对变形及沉降要求较高，根据勘察资料，该边坡上部有8～10 m的杂填土及粉质黏土层，下部为强风化及中风化岩层。支护设计时考虑了两种方案：第一种为上部填土部位采用双排悬臂桩支护结构，下部按1:0.1放坡后采用格构梁+预应力锚索+挂网喷混凝土支护结构；第二种为上部采用带地梁的现浇混凝土板+预应力锚索，下部采用现浇混凝土板＋预应力锚索的支护结构形式。

第一种方案，双排桩支护结构由刚性冠梁与前后排桩组成一个空间超静定结构，整体刚度较大，可以有效地限制基坑的变形，加上前后排桩形成的侧压力反向作用的力偶的原因，使双排桩支护结构的位移明显减小，同时桩身的内力也有所下降，并且在复杂多变的外荷载作用下能自动调整结构本身的内力。整体稳定性计算采用了瑞典条分法，可以得到待整个边坡开挖到底后的整体稳定性系数为1.363，满足规范大于1.30的要求，在理论计算上该设计是合理的。方案剖面图如图5.21所示。

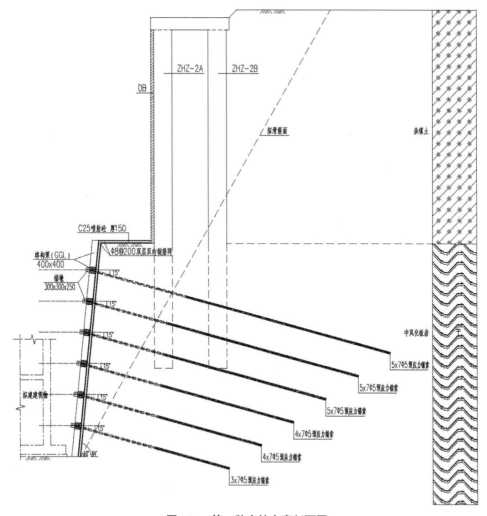

图5.21　第一种支护方案剖面图

第二种方案充分考虑了上部有一条公路通过，结合公路路基的设计要求，对原有填土需进行夯实或换填碾压处理后铺筑路基。该方案结合公路施工考虑，施工时将上部填土挖除后进行锚拉挡墙及锚索施工，同时填筑回填路基填料。使其达到永久支护要求的同时满足公路路基的施工设计要求。下部边坡按 1∶0.4 放坡，采用现浇混凝土＋预应力锚索支护结构。通过计算分析当边坡上部施工完成后，其边坡稳定性系数为 2.091。边坡坡顶最大位移为 1.145 cm，均符合规范设计要求。方案剖面图如图 5.22 所示。

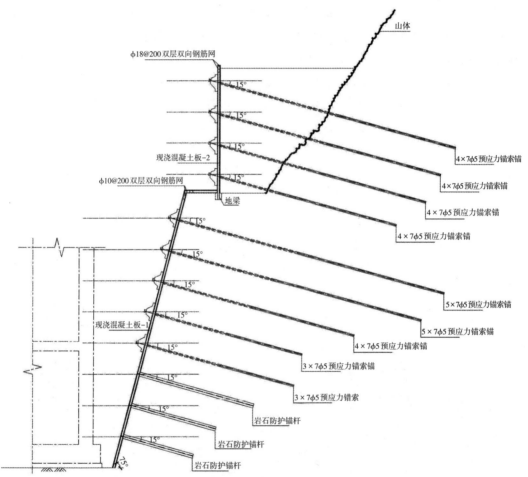

图 5.22　第二种支护方案剖面图

通过对两种方案分析对比可以得出以下结论：

（1）两种方案在支护结构的设计上均可行，稳定性系数均能达到规范要求。

（2）在稳定性上，双排桩方案的上部填土区开挖后整体稳定性比锚拉挡墙的稳定性略高，开挖至坡底后两种支护方案整体稳定性基本相同。

（3）双排桩方案与锚拉挡墙方案相比，其占用的场地相对较少，对环境的要求较低。

（4）在计算模型上，双排桩作用在前后桩体上的土压力，以及双排桩的排距、桩距、桩长和桩间土的刚度对支护结构的稳定性的影响上目前还没有较深入的研究。计算中用压缩刚度等效的土弹簧模拟地层对支护结构变形的约束，理论上比较合理，但是，由于在桩顶常出现桩与土体脱离的现象，因此，对桩顶位移的控制计算与实际情况的偏差较大。

而锚拉挡墙这种形式在支护结构的模型选用及理论分析上更加贴近实际，且对于切坡后可能沿外倾软弱结构面滑动的边坡控制能力较好。

（5）考虑坡顶处的公路施工，锚拉挡墙方案可以与公路施工一并进行，且坡顶位移较之双排桩方案对其影响较小。

综上所述，两种方案各有自身优势，但针对本工程的特点，第二种锚拉挡墙的方案在设计和施工上更加合理，且便于控制和实施，最终选择了该方案作为本工程的施工方案。

5.7.4　小　结

本项目具有边坡高度大、施工难度大、景观要求高等特点。边坡支护主要从稳定性和位移等方面进行了方案的对比分析并选取了最优方案。本工程的建设有效避免了滑坡等隐患，美化了周围环境，创造了较大的社会效益。

5.8　华晨宝马汽车有限公司产品升级项目挡土墙工程

5.8.1　项目概况

本工程位于沈阳市大东区东望街东侧，华晨宝马汽车有限公司大东厂区周边区域，拟建挡土墙位于本厂区西南角填方区，填方高度约为 20 m，由于红线范围外用地受限，在该填方区红线处需设置高 20 m 的挡土墙。挡土墙后土压力要求严格控制墙体位移。现场如图 5.23 所示，平面图如图 5.24 所示。

图 5.23　挡墙现场图

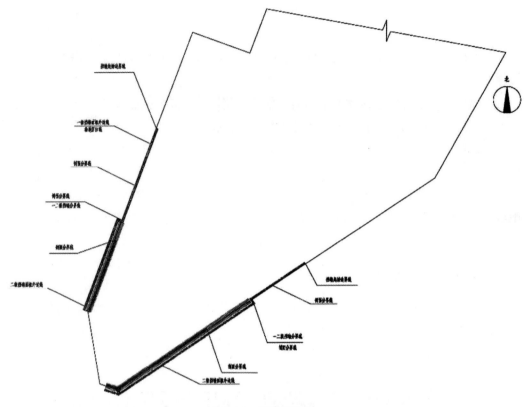

图 5.24 挡墙平面图

5.8.2　场区地质条件

（1）工程地质条件：根据对现场勘探、原位测试及室内土工试验成果的综合分析，按地层岩性及其物理力学数据指标，场地的地基土按照自上而下的顺序依次叙述如下。

① 杂填土：杂色，以碎石、碎砖、炉渣等生活垃圾为主，含有少量黏性土、中粗砂、砾石、卵石、风化岩等。

② 粉质黏土1：黄褐色~红褐色~灰褐色，饱和，硬可塑，含有红褐色氧化铁斑及黑色铁锰质结核，略有光泽，韧性中等，干强度中等，无摇振反应。

③ 黏土：黄白~浅灰~灰白色，饱和，硬可塑，含有氧化铁及黑色铁、锰质结核。光滑，韧性高，干强度高，无摇振反应。

④ 含粉质黏土砾砂：浅白色~黄褐色~灰褐色，以长石、石英为主，含有少量云母，颗粒大小不均匀，级配较好，充填中粗砂颗粒，含有大量黏性土，局部夹薄层黏性土，性质不均匀，密实，稍湿~饱和。

⑤ 粉质黏土2：黄褐色~黄绿色，饱和，可塑，略有光泽，韧性中等，干强度中等，无摇振反应。主要由闪长岩风化残积形成。

⑥ 全风化花岗混合岩：黄褐色~红褐色~灰白色，结构完全破坏，但尚可辨认，

矿物大部分已风化成砂土状，含有大量石英和云母片，用镐可挖。干钻较容易，手捏易碎，属极软岩。

⑦ 强风化花岗混合岩：黄褐色～灰白色，结构大部分破坏，矿物成分显著变化，风化裂隙很发育，岩体破碎，用镐可挖，干钻不易钻进，片麻状构造，主要矿物为长石、石英、云母。节理裂隙发育。

⑧ 中风化花岗混合岩：黄褐色～灰白色。结构部分破坏，沿节理面有次生矿物，风化裂隙发育，岩体被切割成岩块。用镐难挖，岩芯钻方可钻进，片麻状构造。

（2）水文地质条件：整个场区地下水类型为上层滞水、潜水、裂隙水，上层滞水主要赋存于上部的填土、粉质黏土、含砾石粉质黏土、含粉质黏土砾砂中，受大气降水影响较大。潜水主要赋存于中砂、砾砂中，水量较丰富。裂隙水主要赋存于风化岩中，水量一般。

5.8.3　挡土墙设计方案

挡土墙设计为双扶壁挡墙形式，5～12 m为一阶扶壁式挡墙；12～20 m为二阶扶壁式挡墙；坡高超过12 m下级挡墙设两排预埋式锚索。挡墙下部采用400 mmPRCⅡ-AB管桩，间距1200 mm进行地基处理。墙后填土选用透水性材料，泄水孔按梅花形布置，间距2 m，直径为100 mm壁厚不小于2 mmPVC管作为泄水孔，泄水孔位置设置反滤包进行排水，挡墙外设置排水边沟，将挡墙所排出的水汇入排水边沟。典型剖面图如图5.25和图5.26所示。

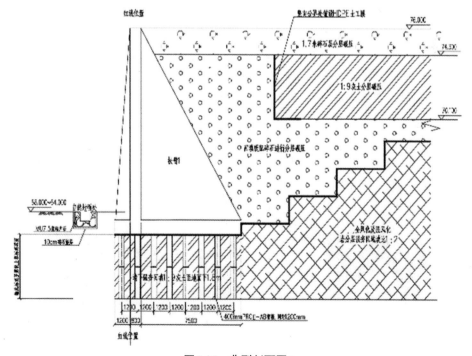

图5.25　典型剖面图1

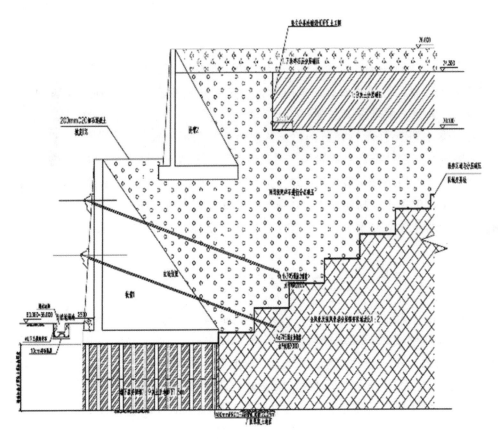

图5.26　典型剖面图2

　　基于有限元分析软件对挡墙进行计算。挡墙下部采用400 mmPRCⅡ–AB管桩复合地基处理，非桩基础形式（桩顶与挡墙底板不进行刚性连接）。上部挡墙水平荷载计算按滑移控制，管桩不单独考虑承受水平荷载。计算挡墙整体稳定性系数为2.5344。上部挡墙最大水平位移为8.80 mm，最小位移为7.79 mm。下部挡墙最大水平位移为10.60 mm，最小位移为9.26 mm。锚索最大轴力为232 kN。工后地面最大沉降量为11.70 mm。均满足设计要求。

图5.27　SRM法求解整体稳定性系数剪应变云图

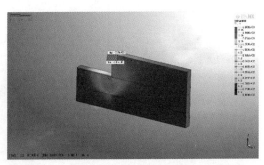

图5.28　上挡墙水平位移

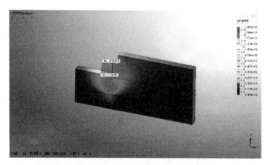

图5.29　下挡墙水平位移图

图5.30　锚杆轴力云图

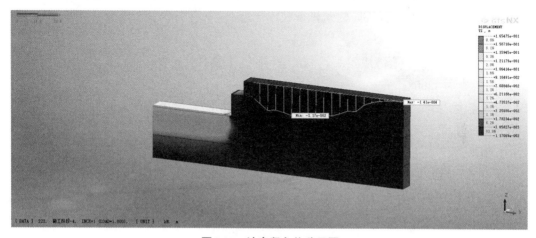

图5.31　地表竖向位移云图

5.8.4　小　结

本项目为20 m超高挡土墙设计项目，由于项目的特殊性对于挡土墙的位移控制要求相当严苛。挡土墙采用了钢筋混凝土扶壁式双级挡墙，挡墙顶、底板无固定约束。挡墙中部使用的锚索为柔性支护体系，为减小挡墙水平位移而设，但不可作为固定约束使用。由于挡墙后填料以碎石为主，锚索施工采用预埋式施工方式。本项目具有边坡高度大、限制条件严苛、施工条件复杂等特点。分级扶壁挡墙结合锚杆挡墙的综合应用满足了项目的使用要求，施工中及完工后对墙体位移及沉降进行了监测，监测结果与计算契合度较高。

参考文献

[1] 姚笑青.桩基设计与计算[M].北京:机械工业出版社,2015.

[2] 中华人民共和国建设部.建筑桩基技术规范JGJ 94—2008[S].北京:中国建筑工业出版社,2008.

[3] 《地基处理手册(第3版)》编辑委员会.地基处理手册:[M].3版.北京:中国建筑工业出版社,2008.

[4] 汤连生,宋晶.地基处理技术理论与实践[M].北京:科学出版社,2019.

[5] 《工程地质手册》编写委员会.工程地质手册:[M].5版.北京:中国建筑工业出版社,2018.

[6] 中华人民共和国住房和城乡建设部.建筑地基处理技术规范:JGJ 79—2012[S].北京:中国建筑工业出版社,2013.

[7] 辽宁省住房和城乡建设厅,辽宁省质量技术监督局.建筑地基基础技术规范:DB21/T 907—2015[S].沈阳:辽宁科学技术出版社,2015

[8] 徐国民,杨金和.边坡支护需考虑的因素与支护结构形式的选择[J].昆明理工大学学报(理工版),2008,33(4):51-57,68.

[9] 陈国周.岩土锚固工程中若干问题的研究[D].大连:大连理工大学,2007.

[10] 中华人民共和国住房和城乡建设部,中华人民共和国国家质量监督检验检疫总局.建筑边坡工程技术规范:GB 50330—2013[S].北京:中国建筑工业出版社,2014.

[11] 张捷.沈阳城区岩土工程特性[J].煤田地质与勘探,2007(2):52-55.

[12] 常士骠,张苏民.工程地质手册:[M].4版.北京:中国建筑工业出版社,2007.

[13] 尹娜.基坑支护形式与基坑支护结构选型经验分析[J].工程建设与设计,2018(19):268-269,272.

[14] 刘国彬,王卫东.基坑工程手册:[M].2版.北京:中国建筑工业出版社,2009.